「顔」の進化

あなたの顔はどこからきたのか

馬場悠男　著

ブルーバックス

カバー装幀　芦澤泰偉・児崎雅淑
カバー画像　ラジカル鈴木
本文デザイン　齋藤ひさの
本文図版　さくら工芸社
本文イラスト　石井礼子

はじめに

あなたが鏡を見ると、あなたの顔が見える。それはあなたが他人に見せている、あなた自身の姿にほかならない。では、あなたの顔はどこからやってきたのだろう。そしてこれから、どこへ行くのだろう。

そもそも動物の顔は、食べるためにできあがった。やがて、外界のさまざまな刺激を感知するようになり、さらには情報を発信するように進化してきた。顔には、さまざまな動物がそれぞれの環境に適応するために努力してきた工夫が満載されている。

だからあなたの顔は、動物進化が長い時間をかけて生みだした、究極の傑作なのだ。

それにもかかわらず、あなたの顔には、これまでの動物たちにはなかった悩みが映し出されることもある。でも、この世でたった一つしかないあなたの顔がどこからきたのかを知れば、あなたの顔がいかに貴重な存在かがわかり、あなた自身を慈しむことができ、もしかしたら、どのように生きたらよいかの指針にもなるかもしれない。

本書では、動物の顔、そしてヒトの顔について、「そもそも」「なぜ」「どのように」こうなったのか、という疑問に、生物学あるいは人類学の立場から答えようとしている。たとえば、ウマが馬面で、ネコが丸顔なのは、なぜだろう。彼らにとっては、そうでなければ生きていけない理由があるのだが、それは何だろう。

あなたの顔には、眉毛があり、眼には白眼が見える。頰から高まる鼻があり、中には鼻毛もある。唇がめくれ、赤く染まり、すぐ上に人中《にんちゅう》と呼ばれる窪みもある。じつはこんな特徴は、ほかの動物には見られないものであり、ヒトが進化の過程で獲得した「人間らしさ」の表出ともいえるものなのだ。そして、こうした特徴が、我々の祖先が文化を生み出し、文明を築くようになった原動力ともなっている。それはどういうことなのかを、明らかにしていこう。

私は人類学の研究者で、本業としては、化石や古人骨を分析して、人類の進化や日本人の起源などを研究するのが仕事だ。そんな人類学者が、なぜ「顔」の本を書くのか。それは子どものときから多様な動物たちの姿に興味があり、太古からの彼らの生き方に思いを馳せてきたからだ。1965年からは大学で人類学を専攻するようになったが、研究者としてこれだけでいいのだろうかという疑問がいつもどこかにあった。いわば変わり者だった。

ところがあるとき、よく高級ウイスキーを手に人類学教室を訪ね、学生たちと気さくに話してくれているある先輩が、私と同じ感性と興味を持っていることに気がついた。いや畏れ多い、私が先輩と似ていたのだ。その人が、私より17歳年上の香原志勢《こうはらゆきなり》先生だった。

私が香原先生と似ているのは、ヒトと動物の顔に特別の関心があること、動くものやそのしくみに興味があること、概念図や模式図をつくって思考を整理すること、誰かに何かを説明するのが大好きなこと、顔が頑丈で硬いものを嚙みたがること、胴長短足筋肉質の体型であることだった。こうして出会って以来、私にとって香原先生は、厳密な専門研究以外で広く人間と動物の見方を導いてくれる恩師であると同時に、いわば同好の士となったのだ。

香原先生は立教大学の教授になると、独自のアイディアに満ちた一般向けの本を書きはじめた。1975年刊行の『人類生物学入門』（中公新書）では、「顔を設計する」という章で、ちょうど成城に新築した自宅の設計になぞらえて顔の構造を解説した。さらに『顔の本』（講談社）、『顔と表情の人間学』（平凡社）などで、ヒトと動物の顔に関する造詣の深さをいかんなく発揮された。「はじめに口ありき」「顔は見るもの見られるもの」などの透徹した名言は、いかにも香原先生らしいものだ。

本書を書くことになった一つのきっかけに、「日本顔学会」の活動がある。1990年代に東京大学情報工学の原島博教授を中心として、心理学から化粧文化まで、幅広い分野にわたって「顔」を研究する会が生まれた。香原先生が招かれ、やがて私も加わった。1995年には原島教授、ポーラ文化研究所の村澤博人主任研究員、そして私の3人が発起人の役割をして、「日本顔学会」が設立され、香原先生が初代会長になった。

日本顔学会は急速に発展し、１９９９年には私が勤めていた国立科学博物館で「大顔展」という特別展が開催され、２０１５年には顔学会設立20周年を記念して『顔の百科事典』を出版した。その際には香原先生に、ヒトと動物の顔に関する総論を書いていただこうとしていたが、ご病気のために果たすことができなかった。代わりに私が書いた原稿を病床の香原先生にご覧に入れて了承いただいた。できあがった『顔の百科事典』は、その直前に亡くなられた先生のご霊前に捧げることになった。

本書は、このようにして始まった日本における「顔学」の発展を振り返り、香原先生の想い出も込めて、私の学生時代からの興味と関心のままに執筆させてもらった。あなたの顔の由来と不思議を知ることが、あなたにとって自分を慈しむことに役立てば幸いである。

「顔」の進化◆目次

第2章 顔の人類学

第5章 日本人の顔…217

序章

顔とは何か

なぜそこに「部品」が集まっているのか

あなたの顔はどこからきたのか、つまり、あなたの顔がどのような進化をへてあなたの顔になったのかを探るにあたって、まず、さまざまな器官が集まっている特定の部分が、なぜ「顔」と呼ばれるのかを考えてみよう。

顔は身体の一部なので、解剖学の出番だろうか。たしかに、顔を解剖学的に定義することはできるが、それでは面白くない。堅苦しいだけでなく、上から目線で決めつけてしまって本質的な疑問にまで考えが届かない気がする。

顔は、静的な肉体の一部ではない。いつも変化し、エネルギーや情報が出入りする生きた存在である。とくに重要なのは、お互いに相手の顔がどのように見えるか、見られるかである。足が足のように見えなくても、当事者（自分）も他者（相手）もかまわないが、顔にとっては、顔が顔に見えるかどうかは大問題なのだ。それは、意識するとしないとにかかわらず、顔がコミュニケーション情報を交換する場所だからである。人間の場合はまた、顔は年をとるにつれて、人格を代表する存在にもなる。

顔とは、身体の部品（器官）のうち眼、鼻、口、耳などが集まっている領域である。しかし、なぜこれらが1ヵ所に集まっているのか、そしてその領域を我々がなぜ顔と見なすのかはわからない。そこで、そもそも顔はどのような動物にあるのかを考えてみよう。もちろん、植物や菌類には顔がないので（アニメでは顔があるキノコも見かけるが）、考察の対象は動物に限られる。

顔がある動物あれこれ

イヌやネコなどの哺乳類、ツバメやフクロウなどの鳥類、ワニやヘビなどの爬虫類、カエルやサンショウウオのような両生類に顔があるのは、疑いがない。そこには、我々の顔と同じように眼、鼻、口、耳が集まっている。鳥類、爬虫類、両生類の耳は、「耳介」がないので見つけにくいが、鼓膜が皮膚に露出しているのでそれとわかる。

マグロやタイのような魚類にも、顔はある。しかし、口と眼はすぐにわかっても目立った鼻と耳はない（本当は魚類の鼻の穴は左右に2対あって匂いを嗅ぎ分けているし、耳も顔の表面にはないが音を聴き分けているのだが）。それにもかかわらず、我々はそれを顔と見なしている。

これらの顔はいずれも、左右対称という「体制」（身体の基本デザイン）を持ち、その正中部に前から後ろに連なる「脊椎」によって構成された「脊柱」を持つ脊椎動物なので、共通の基盤に立っていると理解してよい。ちなみに、ムカデを見ると明らかなように、体がいくつかの同じような体節に分かれて連なるしくみを分節構造と呼び、そのありようを分節性という。

なお、脊椎動物の原形と考えられるのは頭索《とうさく》動物のナメクジウオだが、この生きものには口はあるが眼や鼻がなく、顔として認識できる部分がない（図０－１）。ただし、光を感じる眼点はあり、脊髄とつながっている。

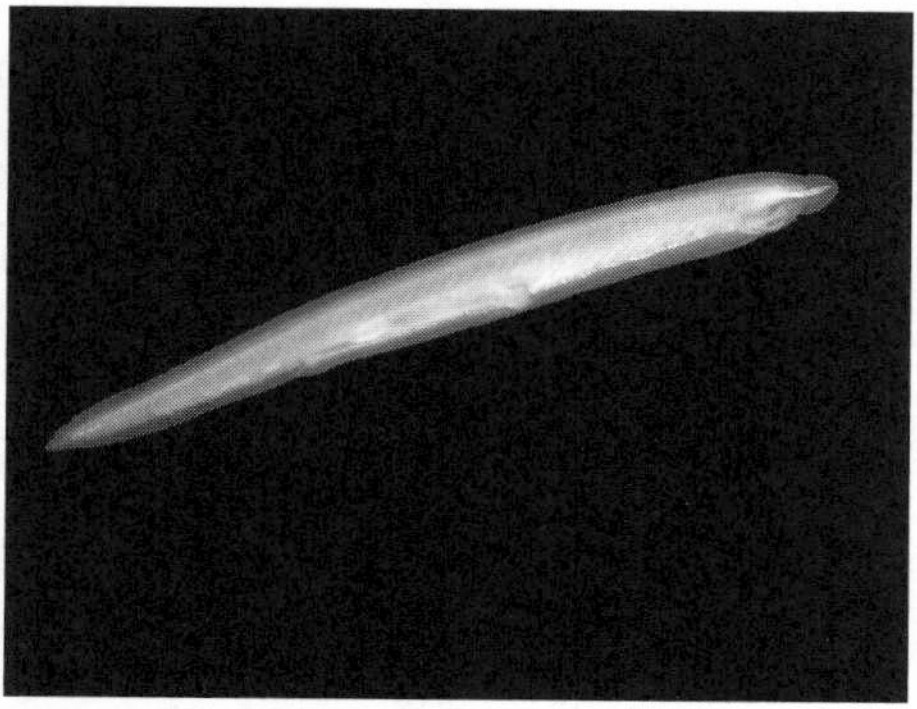

図0-1　ナメクジウオ（右が前）

脊椎動物とは体制の違うカブトムシやエビ、あるいはムカデのような節足動物にも顔がある。ただし、口と眼はあるが、鼻と耳は別のところにある。匂いを嗅ぐ鼻の役割は触角に、呼吸器としての鼻の役割は胸部から腹部の体節ごとの気門に、そして耳の役割は脚にある。これらの動物の顔はそれなりの存在感を持っているが、脊椎動物の顔と相同（起源を同じくする）と見なしてよいかどうかは難しい。頭部を形成するという大きな意味では相同だが、個別の部品に関しては相同とはいえないからだ。

節足動物も、左右相称と分節構造という体制を持ち、前後の区別があることにおいては脊椎動物と同じである。ただし発生学的には、節足動物と脊椎動物には次のような違いがある。

節足動物は、受精卵が胞胚になって原腸（消化管）ができるとき、最初に陥入した孔が「口」

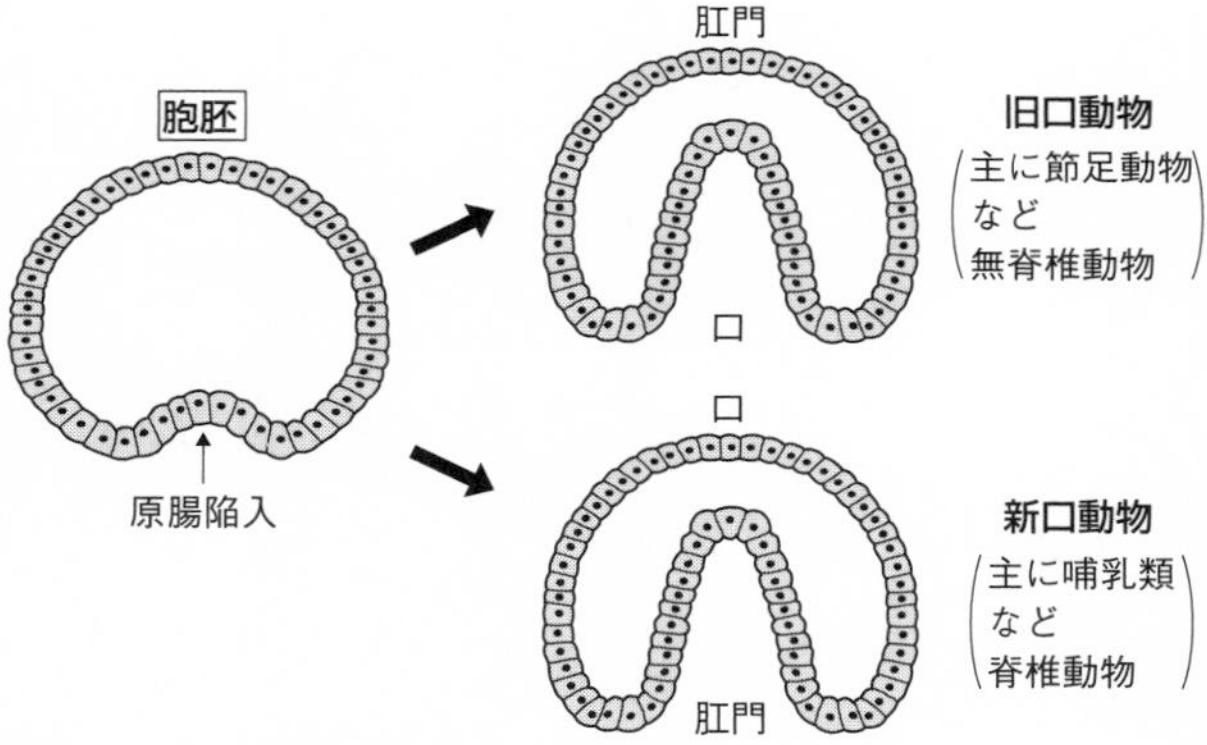

図0-2　旧口動物と新口動物
私たちヒトは新口動物である

になり、反対側が「肛門」になる「旧口動物」（前口動物）である。これは前後の区別としても、消化管の発生の順序という意味でも、自然な感じがする。ところが脊椎動物は、最初に陥入した孔が「肛門」になり、反対が「口」になる「新口動物」（後口動物）である（図0－2）。前後の位置が逆になるので、何となく不自然な気がする。このことを生物の授業で習ったときに、自分の肛門が実際に陥入して自分の口になったような錯覚に襲われ、不思議な身体感覚を味わった。いまでも何となくバッチイ感じがするのは、生物学者としての修行が足りないせいかもしれない。

　ちなみに、脊椎動物では身体の背側に神経の本管（脊髄）があり、腹側に消化管があるが、節足動物では逆に、背側に消化管があり、腹側に神経の本管がある。クルマエビの背ワタは消化管であり、料理の際に取り除くのを忘れると叱られる。

このように書くと節足動物が特殊に見えるが、実は無脊椎動物のほとんどは、節足動物と同じ旧口動物であり、脊椎動物と一部の無脊椎動物（棘皮《きょくひ》動物など）だけが新口動物なのだ。自分たちが普通だと思ってはいけないという教訓である。

はじめに口ありき

左右相称の動物は、一般に、決まった方向に比較的速く動く（速く動くために左右相称になったともいえる）。その方向が「前」になる。前端が、変化しつつある外界に最初に出会うのだ。食物に最初に近づくのも前端である。したがって、前端に口があり、そのほかの感覚器も集中することが望ましい。逆に見ると、口を前にして、一定以上の速さで動くと食物が入ってくるので、そのような動物に顔ができたともいえる（図0‐3）。このことを「はじめに口ありき」という言葉で端的に表現したのが、立教大学名誉教授で日本顔学会の初代会長だった香原志勢である。

受精卵からの発生のしかたを見ると、前後の区別ができることによって、その後の発生の秩序が保たれ、原腸陥入によって「前」に口ができることになる。そういった意味では、新口動物の我々は「はじめに尻ありき」かもしれない。

そもそも、植物や菌類には口がないが動物には口があるのは、植物は光合成により自分で栄養をつくり出し、菌類は菌糸で外部の栄養をこっそりと吸収できるが、動物は自分では栄養をつくれず、菌糸もないからにほかならない。そのため、ほかの生物体を暴力的に体内に取り込んで栄

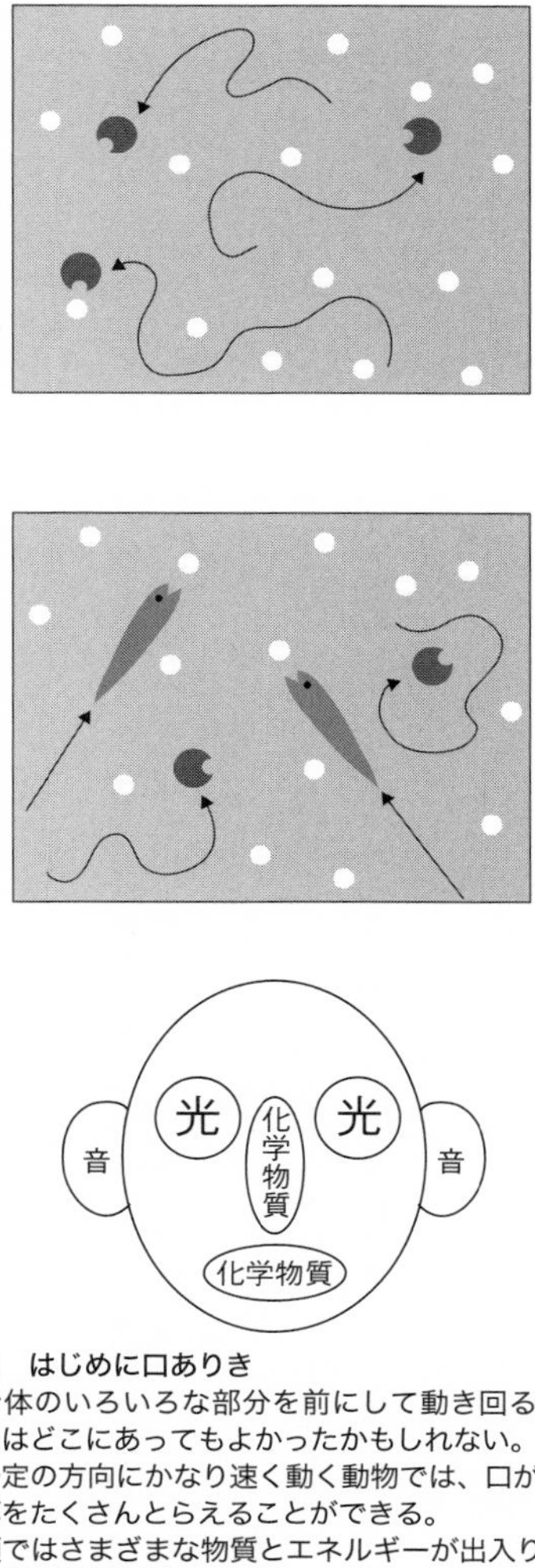

図0-3　はじめに口ありき
上：身体のいろいろな部分を前にして動き回る動物では、口はどこにあってもよかったかもしれない。
中：一定の方向にかなり速く動く動物では、口が前にあると餌をたくさんとらえることができる。
下：顔ではさまざまな物質とエネルギーが出入りする。また、情報も発信する。

養とする必要があり、その取り込む部分として口ができたのだ。つまり、「口を持つこと」が動物の本性であり、それを活用するための選択肢の一つとして「移動する」という属性を身につけたといえよう（移動しないという選択肢をとったのは、たとえばサンゴやホヤであるが、はじめから動かなかったのではなく、のちにそうなった可能性がある）。そして、さらに口の機能を高めるために、顔ができたというわけだ。

消化管の入り口である咀嚼器としての口が、身体の前端に形成されれば、そこが外界や食物に最初に遭遇する場所となり、その周辺に視覚、嗅覚、味覚、聴覚などの感覚器が集中するのは当然のことだったろう（尾や尻に感覚器が集中してもあまり役に立たないはずだ）。このようにして、「顔らしさ」の条件が整ったのだろう。そして、そのすぐ近くに、それらを統御する脳も発達した。また、顔のなかでもとくに目立つ眼と口は、顔が顔としてほかの個体から認識される際にも重要になった。

さらに陸上脊椎動物では、水中では嗅覚器だった鼻が呼吸器の入り口にもなった。そして、口が音声による情報発信器官を兼ねるようになったことも重要である。

なお、中枢神経の脳は、末梢の感覚器や運動器からの刺激がなければ、やがて退縮し、死滅する。それを「中枢は末梢の奴隷」と表現したのは、トガリネズミの洞毛（いわゆるヒゲ）を研究した東京大学名誉教授の養老孟司である。

顔がない動物、ややこしい動物

では、顔がない動物とは、どのような動物だろう。

たとえば、ヒトデなどの棘皮動物やクラゲなどの腔腸動物の体制は放射相称であり、動きを見ると、動く方向が定まらない。だから彼らには顔がないのだということがすぐに理解できる。

顔があるかないかややこしいのは、左右相称だが分節構造のない軟体動物である。ハマグリなどの二枚貝には相称性がないように見えるが、本来は左右相称で、前後の区別があり、二枚の貝殻には左右の区別がある。貝殻以外の軟体部分が二次的に左右相称性を失ったのだ。サザエなど巻貝の仲間には、顔がない。しかし、陸生の巻貝であるカタツムリを見ると、一定方向によく動き、眼が出っ張っていて、腹のように見える足の前に口がついているので、顔があるといえる。はっきりした顔を持っていなかった巻貝が陸上で必要に迫られて、立派な顔をつくり上げたのは、進化の妙としか言いようがない。

なお、巻貝の貝殻が巻いている部分は内臓を収容しており、左右相称ではない。そもそも身体の保護のために発達したものなので、必要がなければナメクジのように脱ぎ捨てることもできる。ちなみにアワビも巻貝だが、巻いている部分がきわめて小さいので、二枚貝の片方しかないように見える。なお、アワビやホタテなど多くの貝類には、光を感じる原始的な眼がある。

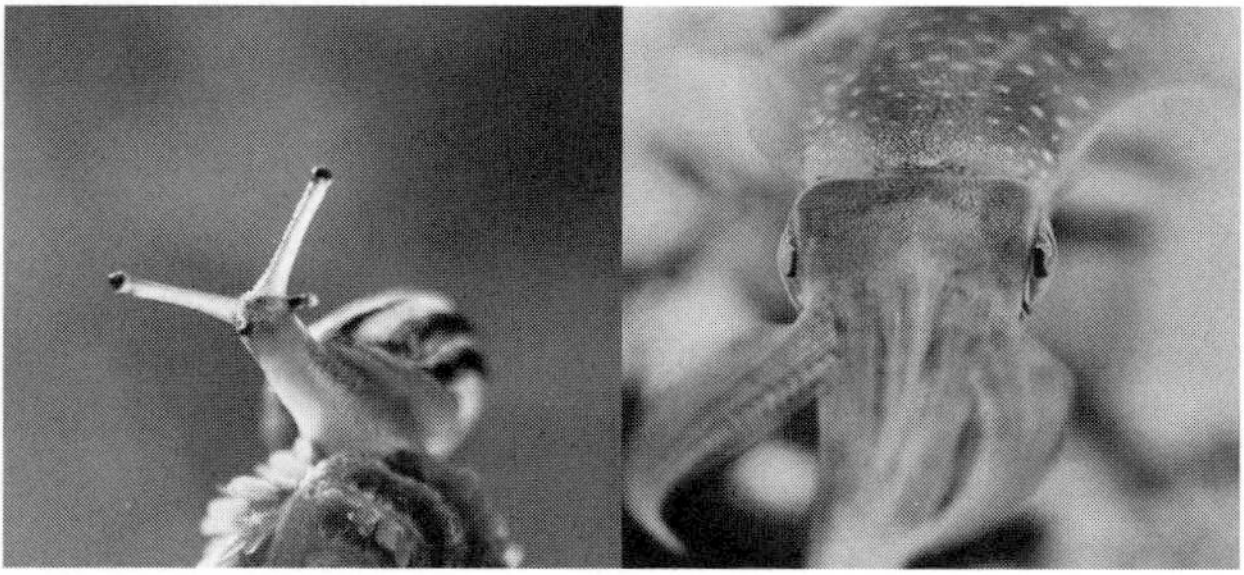

図0-4　カタツムリやイカの「顔」

　同じ軟体動物でも、頭足類、つまりイカやタコは、眼が大きいので、顔の雰囲気を大いに醸し出している。だが、大きく移動するときはイカなら「剣先」、タコならいわゆる「頭」（実際は内臓を収容する胴）を前端にしている。そうかと思えば、餌を捕るときには、口（いわゆる「カラストンビ」）の周りの触手（いわゆる「足」あるいは「テンタクル」）を前にして動いている。したがって、いつも身体の前端に口があるわけではない。まあでも眼が大きく、近くに口があるので、おまけすれば顔といえそうだ。

　ミミズなどの環形動物は、左右相称で、前端に口があり、かなり速く動く。しかし、地中に棲むので眼がないため（微細な受光器官はある）、顔には見えない。

　顔の定義とはこのように、かなり曖昧なものなのだが、物理や数学ではないので勘弁していただこう。

前方の分節が集まって顔になる

左右の相称性がある多くの動物のもう一つの特徴は、前述したように、前から後ろへ、同じような体節が続く分節構造があることだ。ムカデやイモムシを連想すればわかるだろう。脊椎動物でも、背骨に同じような構造の脊椎が連なっている。

節足動物や脊椎動物の頭部とは、そのような体節のうち、前方の数個から十数個が集まって形成されたものである。すでに本来の分節構造はかなり崩れてはいるが、よく見ると分節性は保たれている。とくによくわかるのは、ヒトの顔を支配している脳神経は12対が順序よく並んでいることである。顔にも分節構造があるのだ（図0－5）。

ヒトの顔ではどこが最も前なのかはわからないが、ウマやオオカミの顔を見ると明らかなように、最も前なのは鼻であり、最も後ろなのは頸椎につながる大後頭孔の周りである。

顔を表す言葉さまざま

顔は、和語では旧仮名遣いで「かほ」であり、現代仮名遣いでは「かお」である。漢字では、「彦」は成人となる男子が額に朱色の文字や線を書いたことを表し（だから「彦」は男子の美称となった）、「頁」は「首」と同様に、頸から上の頭部のことらしい。これらからは、「顔」という言葉には身体の一部としての顔の意味だけでなく、個人あるいは社会などを象徴する意味も含まれていることがうかがえる。

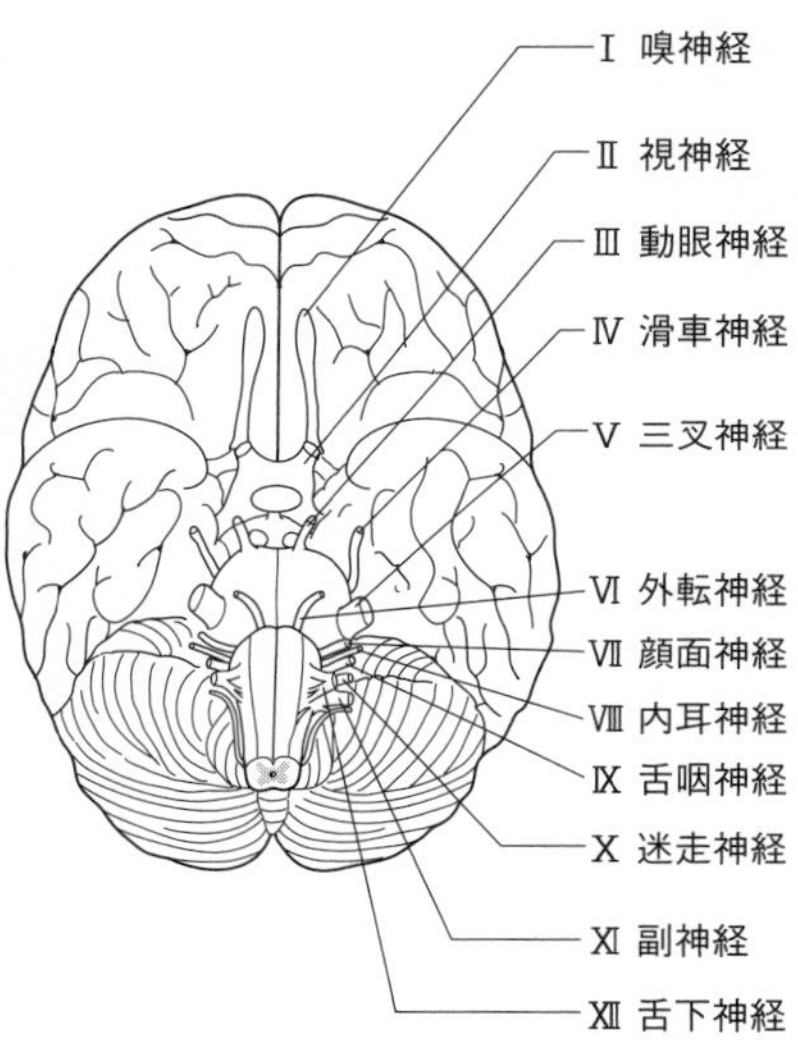

図0-5　ヒトの顔を支配する12対の脳神経
顔にもイモムシのような分節構造があったことを物語っている

顔という意味の英語やフランス語の「face」は、ラテン語の「facies」が語源であり、「surface」のように「表面」という意味である（漢字の「面」にも顔の意味があり、日本語としては「おもて」と読む）。もっとも、フランス語や英語には「visage」という言葉もあり、単に顔というより「顔貌」あるいは「面影」といった意味に使われている。先日、カトリーヌ・ドヌーブ主演の古い映画『終電車』のデジタルリマスター版を観ていたら、「もう顔も思い出せない」というセリフで「visage」という言葉を使っていた。

ドイツ語で顔を意味する「Gesicht」は興味深い。それは「見る」という動詞「sehen」の過去分詞「gesehen」が変化して受け身の意味をもつ名詞になったものらしく、「見られるもの」という意味もある。このことを「顔は見るもの見られるもの」という言葉で説明し、顔の認識や表情の重要さを指摘したのは前出の香原志勢である。なお、なぜ、「gesehen」が「Gesicht」に変化したのかは、ドイツ人研究者に聞いてもよくわからないとのこと。ご存じの方があったら、教えていただきたい。ただし、「Gesicht」には「視覚、視野」という意味もあり、「視覚を得る」という意味が転じて「目にする」となり、さらにそれが転じて、顔を意味するようになったという説もある。

顔が見られるものであることは、昆虫などの擬態に、誇張した目玉のような模様がよく出現することでもわかる。大きな眼を尻のほうにつけて「顔」に見せ、敵を脅かしたり欺いたりする作戦だ。そして顔は多くの哺乳類にとって、とくに嗅覚が退化した霊長類にとって、個体識別のために最重要の見る対象となっている。

なお、イヌが嗅覚で個体認識をして追跡できるのは周知の通りだが、人間でも、家族の匂いを嗅ぎ分けられる人は多い（筆者の妻や娘も）。さらに希な例として、クラス全員の匂いを個体識別できる沖縄県の小学生がテレビで紹介されたことがある。最近、赤ん坊のときに愛用した匂いつきタオルがないと眠れないという珍妙な子供や若者が増えたが、生活環境が清潔になりすぎて、固有の匂いがないと不安になるのだろう。ヒトを含めた哺乳動物は、つねに匂いを発散し、嗅ぎあうのが当たり前なのだ。体臭を極端に嫌うヒトが男女ともにいるのは、化粧品会社の戦略にでも乗せられているのだろうか。

頭と顔の区別は難しい

ほとんどの動物はヒトのように脳が大きくはないので、顔と頭を区別することが難しい。そこで、頭と顔は一体として「頭部」として扱われ、それが見かけ上は顔として認識される。身体の前端に顔があるというのは、一般化すれば、前端に頭部があるということである。したがって、前後の区別のある動物では、前端のほうを「頭側」（顔側ではない）、後端のほうを「尾側」（尾がなくても）という呼び方をする。

また、動物の進化にともなって頭部が重要度を増し、発達する傾向を「頭化」という（顔化ではない）。さらに、脳が重要度を増し、発達する傾向を「脳化」という。ヒトではその傾向が顕著であり、大脳が発達するので、「大脳化」という。こうした傾向は、脊椎動物の胎児の状態を見るとよくわかる。進化にともない、身体に比べて頭部あるいは脳がきわめて大きくなっている。

なお、身体に対する脳の大きさを表す数値のことを「脳化指数」（EQ：encephalization quotient）といい、ハリー・ジェリソンは、それは

EQ＝［定数］×［脳の重量］÷［体重］の$2/3$乗

で表されると提唱した。具体的には、ネコの指数が1となるように定数を定めると、ヒトが7・

4〜7・8、バンドウイルカが5・3、チンパンジーが2・2〜2・5、アフリカゾウが1・3、イヌが1・2というように、きわめて大雑把な傾向はわかるという。だが、体の小さなシロガオオマキザルが4・8になるなど、矛盾点も多い。

顔はどこからどこまでが顔なのかは、意外にややこしい問題である。サカナは顔と頭が一体なので区別できないし、そのほかの動物でも、一概にはいえない。まずは動物の顔がどのように進化してきたかを次の章で見ながら、考えていくことにしよう。

第1章 動物の顔の進化

この章では、動物の顔の起源と進化を考えてみよう。顔はまず、水中の動物につくられた。序章で述べたように、一定の方向に移動する動物の口が、咀嚼器のはじまりとなった。そして、そのまわりに感覚器が集中することで、基本構造ができあがったのである。なお、呼吸器の進化も顔にとっては重要な要素だが、これについては後述の鼻の進化のところでみていく。ヒトの場合は、呼吸器は言語の使用とも関連して顔に独特の変化をもたらしている。

1-1 咀嚼器の進化

動物が餌を捕らえる方法はさまざまだ。たとえばハマグリやホヤは、口から水を吸い込み、小さな餌を濾過《ろか》して得ている。サンゴやヒドラは、触手によって小さな餌を捕らえて口に運ぶ。これらの動物には、餌を捕らえて噛み砕くための口の構造がなく、顔もない。また、ウニやヒトデのような放射相称の動物は、餌を噛み砕く口はあっても、体に前後がなく、移動する方向が定まらないので顔がない。

それに対し、左右相称な体制を持ち、前端に口を備え、積極的に移動する脊椎動物や節足動物には顔がある。では、その顔のはじまりである口は、どのように発達したのだろうか。ここでは、ヒトにもつながっていく脊椎動物の口の進化を追っていく。

顎のはじまり

脊椎動物の原初の姿を示すといわれる頭索動物のナメクジウオ（図0‐1参照）には、脊椎の原形である脊索が存在し、身体は細長い左右相称で、すばやく泳ぐことができる。口は身体の前端下面にあり、多数の細かい外触手によって水底の餌を探して吸い込む構造になっている。光を感じる眼点はあるが、眼のようには見えないので、この部分が顔と見なせるかどうかは難しい。おそらく、最初の脊椎動物もこのような姿をしていたことだろう（図1‐1）。

円口類の一種であるヤツメウナギには、普通のサカナである顎口類《がっこうるい》のような顎はない。口は吸盤のような構造をしていて、大きな魚に吸いついて暮らしている（図1‐2）。口の中には鋭い歯がたくさんあって、皮膚をえぐり、体液を吸い取っていて、吸いつかれた魚は死んでしまうこともある（コバンザメが頭の吸盤で大きな魚に吸いついて餌のおこぼれをもらっているのとは大違いだ）。

ヤツメウナギの暮らしぶりにはあまり共感はできないが、口と眼があるので、立派に顔を持っているといえる。ただし、顎がないので餌を咀嚼することはない。

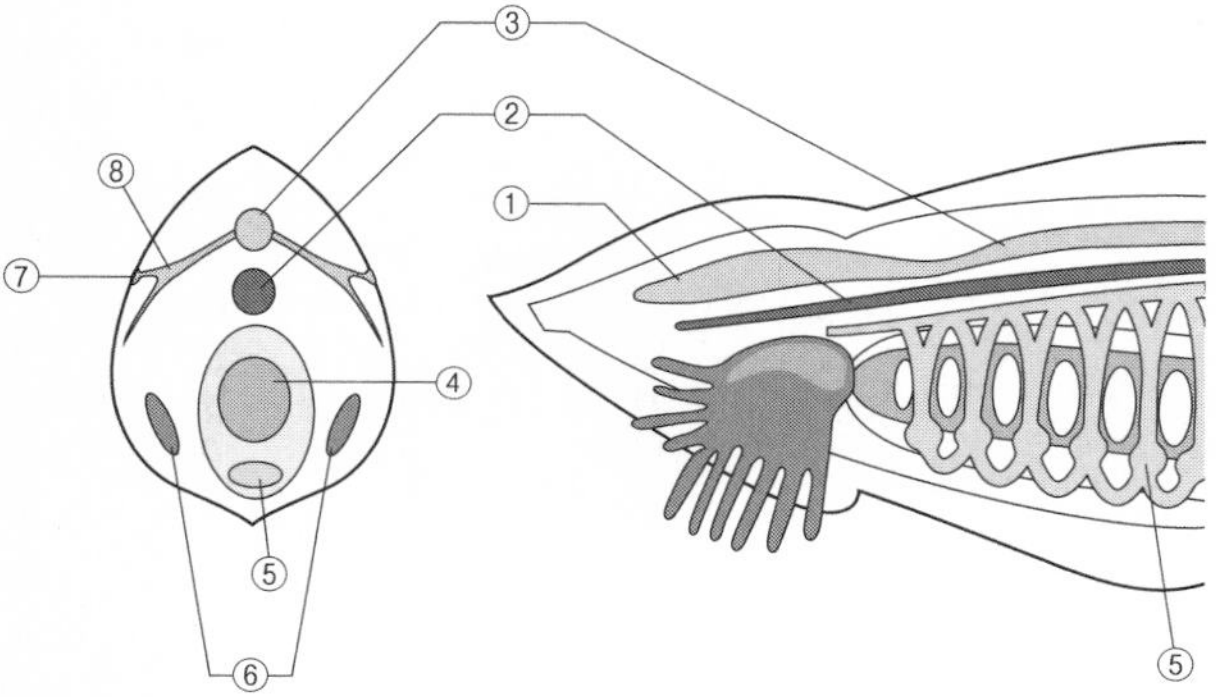

図1-1　ナメクジウオの内部構造
①脳室、②脊索、③神経索、④消化管、⑤血管系、⑥生殖腺（卵巣/精巣）、⑦眼点、⑧神経

ヤツメウナギという名前の由来は、顔から頸にかけて8つの眼があるように見えることだが、そのうちで本物の眼はいちばん前の眼だけであって、残りの眼らしきものは鰓孔《さいこう》、つまりエラの孔である（図1－3）。私自身、小学生のときに釣りをしていてミミズを餌にしたら、ヤツメウナギが釣れてしまって異様な姿に驚いた記憶がある。

鰓孔はサメなどの軟骨魚類全般に見られる構造で、口から入った水を排出するための孔なのだ。7つの孔の間には、酸素を吸収して二酸化炭素を放出する鰓と、それを支える鰓弓《さいきゅう》という骨がある。この鰓弓のうち、前方のものが発達して、上下の顎骨になった、というのが脊椎動物の顎の「はじまり物語」とされている（なお硬骨魚では、鰓が集められ、鰓蓋の下にしまい込まれたので、ヤツメウナギのような鰓孔はなくなった）。

図1-2　ヤツメウナギ

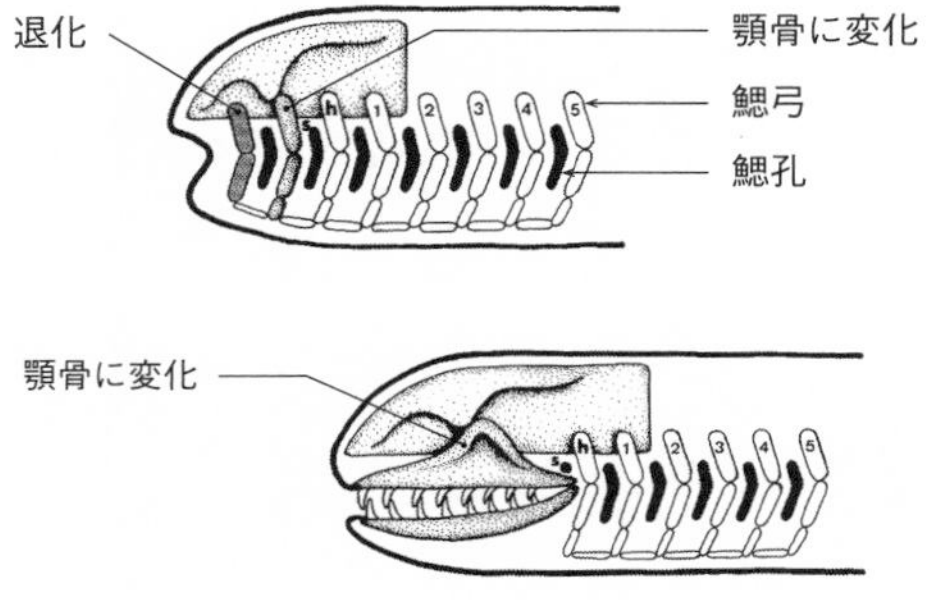

図1-3　顎の起源
上：顎がない魚類（円口類、無顎類）
下：顎がある魚類（顎口類、有顎類）
無顎類の鰓弓の骨が発達し、有顎類の上下の顎骨になった（Romerを改変）

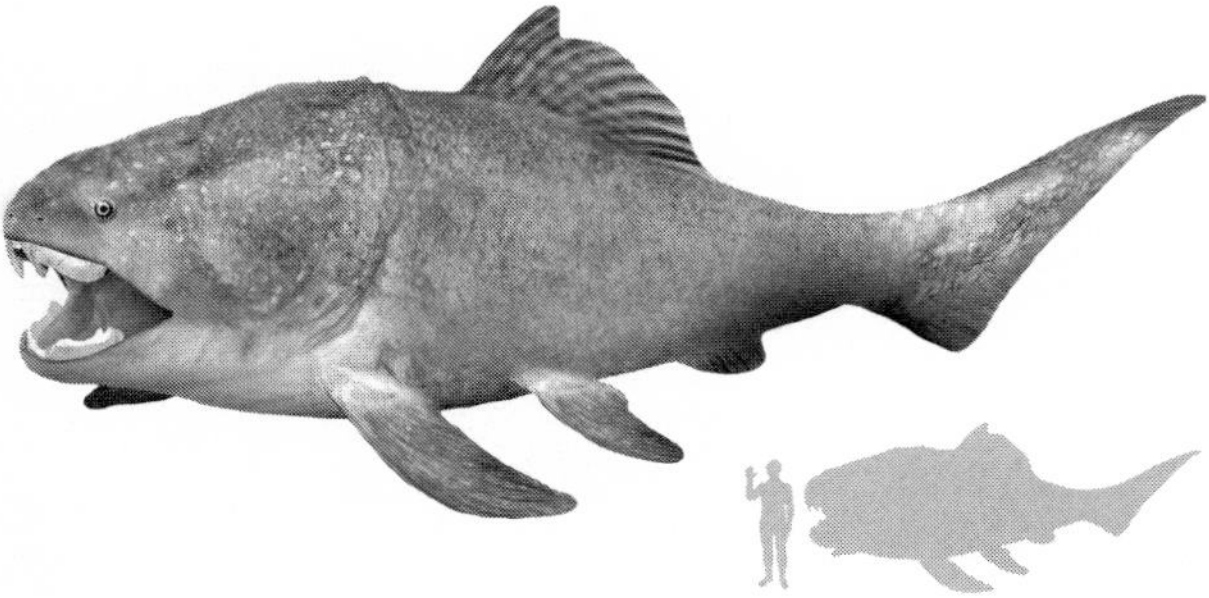

図1-4　ダンクルオステウス
右下はヒトの大きさとの比較（Tim Bertelink）

なお、ウツボには、上下の顎骨と同じ構造が咽頭にもあり、本来の顎で捕らえた餌を、奥の顎で食いちぎっている。映画『エイリアン』の二重の顎というアイディアは、ウツボのほうが先輩というわけだ。

骨という頑丈な構造を持つ顎をつくりだした有顎類のなかから、デボン紀には、ダンクルオステウス（図1-4）などの板皮類が栄えたことがある。彼らは太さが1メートルもある巨大な頭部を持ち、顎の骨がそのまま鋭い切縁を形成していた。眼も大きく、いわば〝海のギャング〟ともいうべき連中だった。それは、消化器の入り口が積極的に餌を捕らえようとすることで「顔」の存在感を高めたことを意味している。当時の海の動物たちにとって、板皮類の巨大な顔を見ることは死と直結していたのだ。

歯の進化

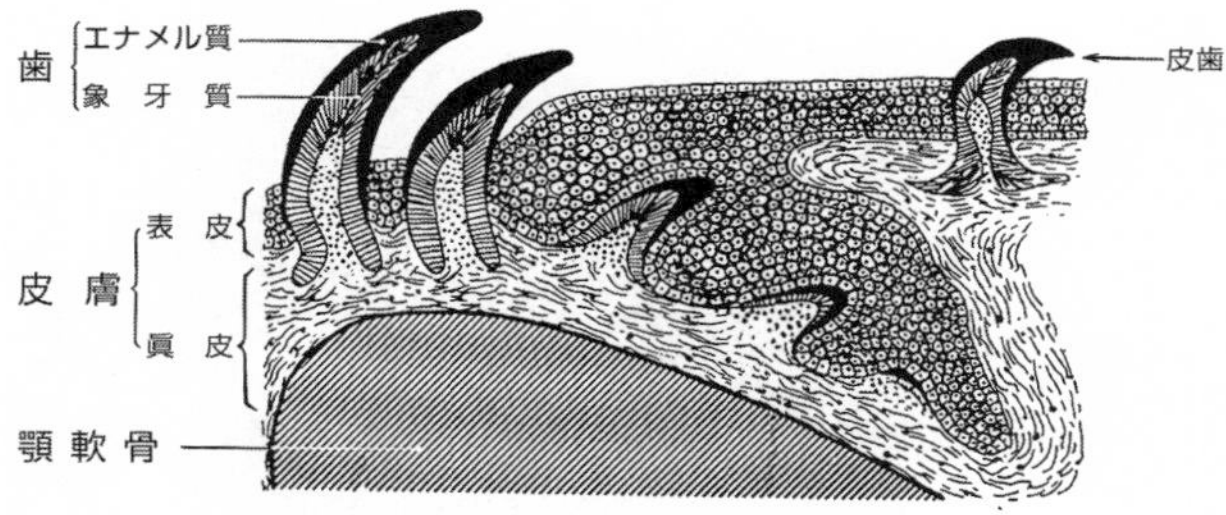

図1-5　歯の起源
サメの皮膚の骨瘤のような皮歯が発達して歯ができた（Romerを改変）

獲物を捕らえて噛み砕く道具として、顎の骨の次に発明されたのは歯である。それは、軟骨魚のサメの皮膚にある骨瘤のような組織（皮歯）から発達したと考えられている（図1－5）。ワサビを磨《す》るのに「鮫皮おろし」を使うのは、サメの皮歯にはエナメル質と象牙質があり、先は鋭く、おろし金と同じ機能を持つからだ。皮歯が大きくなって顎の骨に並べば、立派な歯になることは想像に難くない。

ただし、サメの歯は鋸《のこぎり》の刃のように並んで顎骨にくっついているだけで、骨に植わっているわけではないので、獲物に噛みついて引っ張ると、取れてしまう。そこでサメは、獲物に噛みつくと口を左右に振り、肉を半円形に切り取って食べている。なお、サメの歯は何重にも並んでいて、前の歯が取れても次の歯がすぐ立ち上がってくる（何回も生えてくるので「多生歯性」と呼ばれる）。だから、サメの先祖のカルカロドン・メガロドンの10㎝もあるような歯の化石がたくさん見つかるのだ。

硬骨魚になると、多くの種が餌を丸呑みしてしまうようになったため、歯が生えていないものもいる。小魚を丸呑みするマグロやサバは、小さな歯しかない。底生動物を食うコイは、口には歯がないが、咽に丸い歯（咽頭歯）が生えている。サンゴをかじるブダイは、歯が並んで鳥のクチバシのような形になっている。例外的に、立派な鋭い歯が顎にたくさん生えているのはタイである。魚屋でタイの兜煮用の頭を数百円で買ってきて、薄味で煮て食べたあと、肉をすべて取って、アルカリ性漂白剤か入れ歯洗浄剤で骨をさらすと、ティラノサウルスのミニチュアのような標本ができる

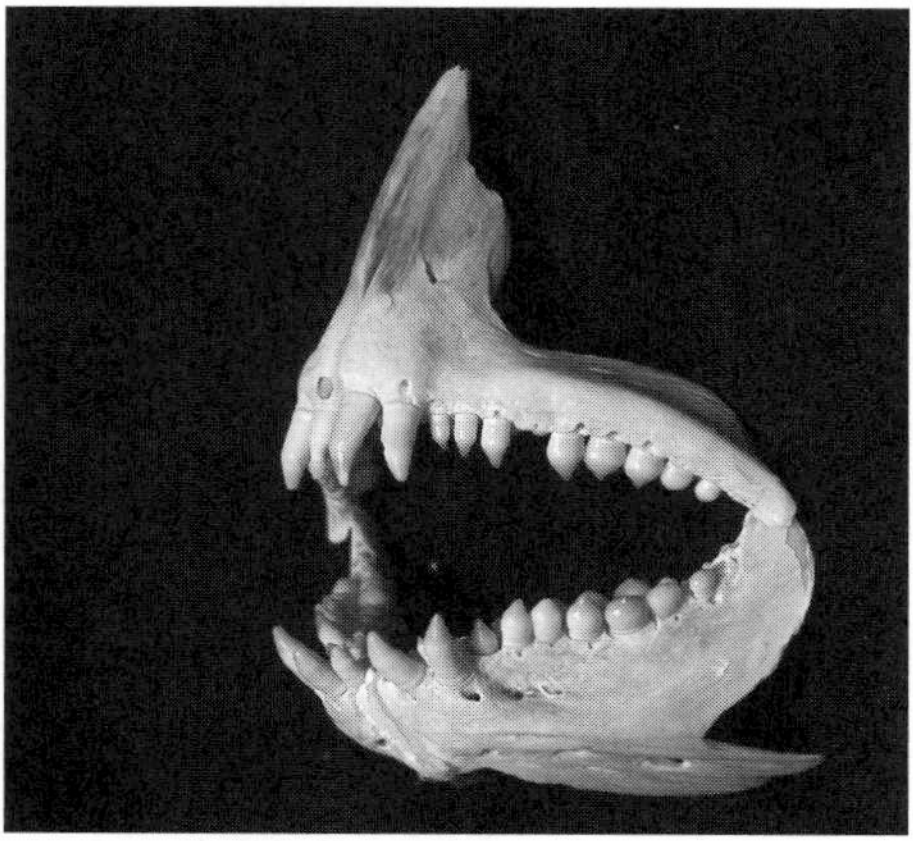

図1-6　タイの歯（筆者写す）

（図1－6）。しかも後ろのほうの歯は、哺乳類の臼歯にも似ている。タイはエビやカニを砕いて食べるので、歯が鋭く、顎が頑丈なのだ。

カエルやサンショウウオのような両生類と、トカゲやヘビあるいはワニのような爬虫類は、餌

をとるために上下の顎を持ち、歯が生えているという構造は似ている。いずれも歯は尖っていて、獲物を捕らえるか食いちぎるが、哺乳類のように噛みつぶすことはできない。それは鼻腔と口腔を隔てる口蓋がないので、ゆっくり噛みながら息をすると、食物が気管に入って窒息するからでもある。

爬虫類になると、顎骨にしっかりと歯が植わるので、強力な捕食行動が可能である。しかも、何回でも生え替わるため（多生歯性）、万が一、折れても心配がない。私はそうではないが歯医者嫌いとしてはうらやましいかぎりだろう。ただし、爬虫類の歯はどれも同じ形で（これを「同形歯性」という）、犬歯のように尖っているので、細かく噛み砕く機能はない（図１－７）。大きな獲物は食いちぎって丸呑みしてしまう。

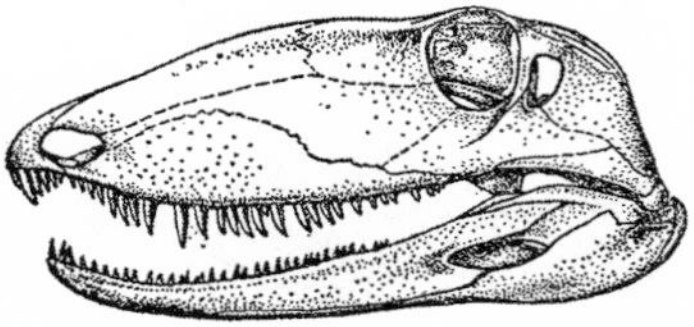

図1-7　爬虫類の同形歯
原始的な爬虫類である盤竜類
Ophiacodonの歯（Romer）

なお、ワニの歯は「歯根膜」を介して顎骨に植わっているので、微妙な圧力を感じることができる。これは哺乳類と同じ構造である。噛む力が１０００kgもある母親が、卵から孵ったばかりの赤ん坊ワニを、そっとくわえて水辺に運ぶこともできるのだ。つまり、ワニは爬虫類の多生歯性と、哺乳類の歯根膜の両方を備えている。

ちなみにカメは歯がなく角質のクチバシを持つが、なぜそうなったのかはわからない。

哺乳類では、歯が切歯・犬歯・前（小）臼歯・後（大）臼歯と機能ごとに分化していき（これを「異形歯性」という）、とくに臼歯によって「細かく嚙み砕く」ことができるようになった（図１－８）。これは硬く繊維質の多い食物を消化しやすくする効果がある。その結果、食いちぎった硬い食物をゆっくり嚙んで、唾液も混ぜて消化しやすくなった。つまり、エネルギー生産の能率がよくなったのだ。そのことが、体毛の発達と合わさって、体温を高く保ち、活発な行動や、寒冷環境で棲むことを可能にしたのである。もちろん獲物を食いちぎって呑み込むという爬虫類と似たような食生活をするライオンなどもいるが、それは消化のよい肉だからできるのであって、草や葉を食うウシやウサギあるいはゾウなどは、臼歯によって念入りに嚙みつぶさないと、高い代謝を維持できない。

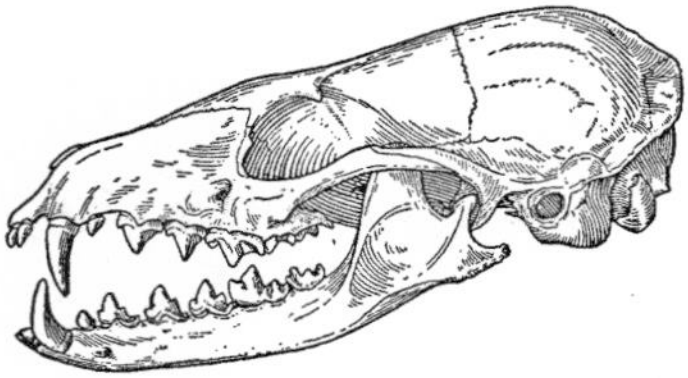

図1-8　哺乳類の異形歯
マングースの仲間Fossaの歯
(Gregory)

さらに、歯と顎骨の間には、前述した歯根膜ができて、歯に加わる強い衝撃を吸収するとともに、神経分布が密になることで微妙な圧力を感じて、咀嚼力を調整している。自分の歯をそっと

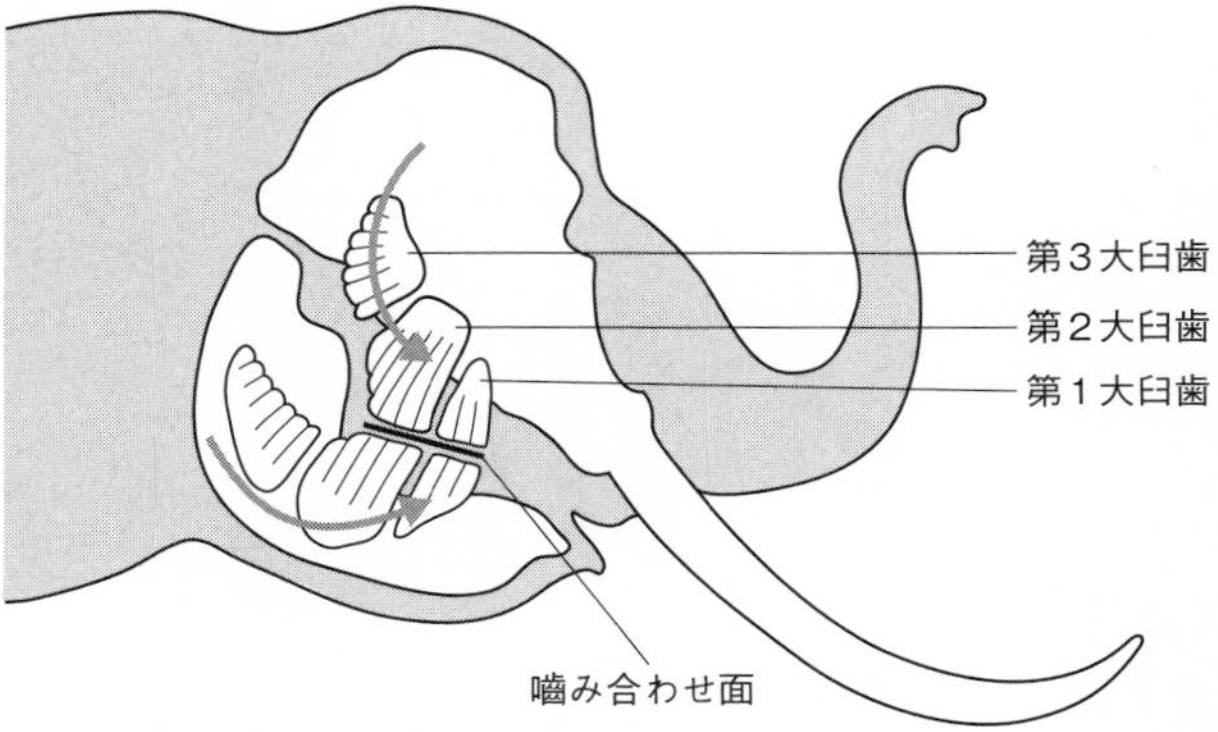

図1-9　ゾウの歯の水平交換

触ってみると、いかに歯根膜が敏感かわかる。

ただし、哺乳類の歯は、乳歯から永久歯へと1回しか生え替わらなくなった（2回生えるので「二生歯性」と呼ばれる）ので、歯は大事にしないといけなくなった。例外はゾウの臼歯で、上下左右に1個ずつある歯が、磨り減ると斜め後ろから次の歯が生えてきて、なんと5回も生え替わる。それは、本来、乳臼歯3本と後臼歯3本が備わっていて、前から順に1本ずつ生えるからだ。一般の動物の歯の生え替わりを「垂直交換」というのに対して、これを「水平交換」という（図１－９）。一生のうちには、ゾウの歯は１ｍも磨り減ることになる。それだけ硬い食物を大量に長期間にわたって食べるということなのだ。

そのことは、野生ゾウの糞からわかる。１㎝以上もの太さのある木片が複雑に絡まっていて、その間に軟らかい糞が詰まっている。したがって四駆自動車で踏むとガタンと揺れて、踏んだことがわかる。他の動物の糞は踏んでも気がつかない。私のアフリカでの実体験だ。

なお、肉食の哺乳類の犬歯は円錐形になっていて、小さな獲物なら咬みつくだけで殺すことができるが、大きな獲物の場合に咬みついて逃がさないようにする役割もある。頸に咬みついて窒息させることもある。また、動物の種類によっては、犬歯の後縁が細かい鋸(パン切りナイフに似た鋸歯状)のようになっているか、あるいは鋭い刃になっていることがある。それは獲物の身体を切り裂くためと考えられる。

たとえば、漸新世後期から更新世にかけて栄え、絶滅した「サーベルタイガー」あるいは「剣歯虎」と呼ばれる肉食哺乳類は、後縁が鋸歯状になった長く薄い刀のような犬歯を持っていて、獲物を強力な前脚で捕らえると犬歯を突き刺し、一気にとどめを刺したと考えられている。あるいは、犬歯を大型動物の身体に刺して、ぶら下がり、大きく引き裂いたのかもしれない。ただし、歯が薄いので、乱暴に使うと折れる危険性もあった。というわけで、彼らの長い犬歯の使い方には謎も多い。犬歯が長大なのは、威嚇のため、あるいはセックスアピールだったという解釈もありうるだろう。

類人猿や旧世界ザルの多くでは、上顎犬歯と下顎第1小臼歯とをこすり合わせることによって(犬歯小臼歯コンプレックス)、上顎犬歯の後縁を磨り減らし、鋭い刃を維持している(肉屋の包丁と丸棒ヤスリの関係）。これは、獲物を捕るためではなく、同類あるいは捕食者を切り裂くための武器であるといえる。だから、ニホンザルに腕を咬まれたら、無理に引くと切り裂かれて大けがとなるので、放してくれるようにお願いしたほうがよい。なお、ティラノサウルスなどの肉食恐竜の歯も、後縁が鋸歯状になっているので、獲物の身体を大きく咬み切る機能があることがわかる（もちろん、そうすれば、大型恐竜でもすぐに死ぬだろう）。

それに対し、ワニの歯は円錐形なので、強い咬合力で獲物を捕らえて放さない機能であることがわかる。そして、ワニの特技である「死の回転」を行うのだ。想像するだけで、ひどく痛い。ただし、ワニは、爬虫類であるにもかかわらず前述したように歯根膜があるので、歯にどれだけの力が加わっているかを感じることができる。だから、前述したように生まれたばかりの赤ん坊ワニをくわえて、水辺に連れていくこともできるのだ。

顔を自由にした頸の形成

我々は身体を動かさなくても、顔をあちこちに向けることができる。そうなるためには、頸が出現し、肘が後ろを向くことが必要だった。なお、「頸」という字は頭部と胴体の間を指すが、「首」という字は顔を含めた頭部を表す象形文字であり、いちばん上の点々は頭髪である。

魚類では、顔（頭とも一体）の後ろは、すぐ胴体になっている。胸と腹の区別はなく、胴体の椎骨から肋骨が生え、肋骨で囲まれた中に心臓を含めた内臓が入っている。つまり、頸がないので、顔だけを動かすことはできない。

両生類や爬虫類になると、顔のすぐ後ろの椎骨は、肋骨が退化し、頸椎となったので、徐々に頸を動かせるようになった。その結果、顔をどの方向にも向けられるようになったことは、動き回る餌を捕らえるには有効である（それを高度に発達させたのは首長竜の仲間だ）。また、感覚器をうまく働かせるにも好都合となった。なお、カエルは二次的に頸椎が退化し、顔と胸が一体になっている。それは座ったままで舌を素早くまっすぐに伸ばして餌を捕らえるので、顔を動かす必要がないからだ。もちろん、動きの鈍い餌が横にあるときなら、身体全体の向きを、もぞもぞと変えて、顔を餌の正面に持ってくる。

顔に気づかう「肘」と「手」

さて、両生類や爬虫類は、四肢が横を向き、這いつくばっているが、哺乳類の四肢は、胴体の下にしまい込まれて、体重を支えるとともに前進する推力を出している（図1－10）。だから持続的かつ活発な運動ができるようになった。

ところで、哺乳類の四肢の位置が胴体の下に移動する際に、前肢と後肢では事情が違っていた。後肢は、単純に前に振り出し、腹の下に移動し、膝と足の指が前を向くようになった。その

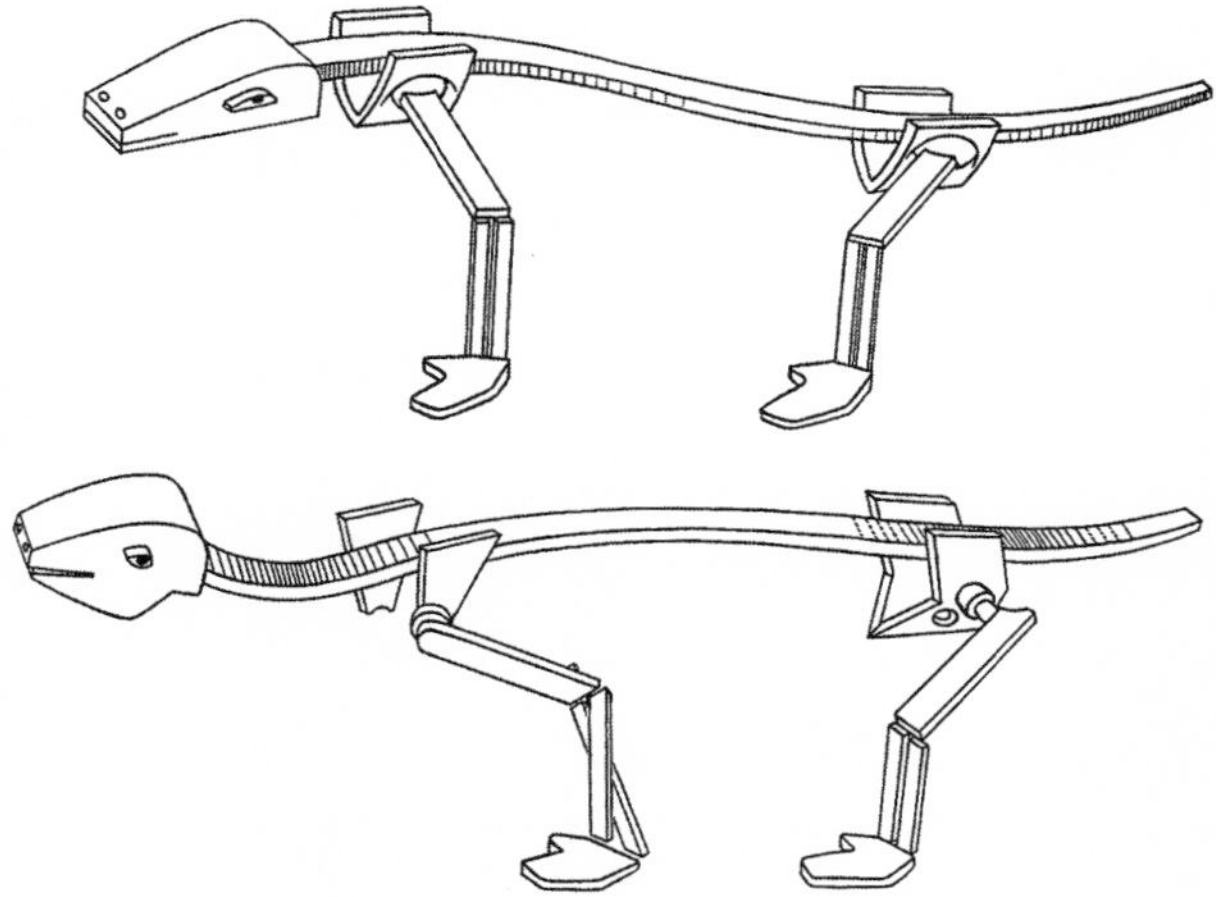

図1-10　頸、肘、手の進化
上：両生類や爬虫類は頸を持つことで、顔を自由に動かせるようになった。しかし、前肢と後肢は横を向いていて腕立て伏せの状態なので、体幹を左右に捻じって推進力を出している
下：哺乳類では、後肢が前に振り出されて腹の下に位置し、膝と足指が前を向いた。また、前肢はいったん後ろに振り出され、胸の下に位置してから(肘が後ろを向く)、前腕が捻じられることによって（尺骨と橈骨がＸ型に交叉する)、手指が前を向いた。その結果、前肢は顔と頸の動きの邪魔にならずにすんだ。このような構造なら、四肢の伸展・屈曲によって、体重を支えながら効率的に推進力を生みだすことができる
(Traité de Zoologie.XVI-1）

結果、股関節・膝関節・足首（距腿）関節を伸ばす力で身体を支え、同時に前進推力を出している。

しかし、前肢も同じことをすると、肘が顔のすぐ横に来るので、顔の動きが自由にならず、餌をとるのには不便である。あるいは、間違えて自分の腕に噛みついてしまうことすらあるだろう。そこで、肘と手をいったん後ろに向けてから、前腕（肘と手首の間）の尺骨と橈骨《とうこつ》をX型にクロスさせることによって、手と指を前に向けるという巧妙な改造をほどこした。そのため、我々の前腕の回内・回外運動（掌を返す運動）が可能となっているのだ。つまり、前肢は前進推力を少し犠牲にして、顔の邪魔をしないよう気をつかっているのである。

1-2 感覚器の進化

顔は感覚器が集まる場所

動物にとっては生きるために食うことが最重要であり、そのために口が存在するところに顔ができたのは確かである。さらに、餌を探し捕らえるためには、あるいは餌にされないようにするためには、感覚器の発達が欠かせない。

感覚器は、自然に存在する微妙な物理的・化学的刺激を鋭敏な受容器で関知し、電気信号に変えて脳に伝えている。その高精細・高感度ぶりは、最先端技術もおよばないほどの優れたシステムである。そうした感覚器が、顔には集中している。当然ながら、顔は体中で最もデリケートな部分になっている。だから顔に何か刺激を受けると、不愉快に感じることが多い。「仏の顔も三度」という諺《ことわざ》があるゆえんだ。皮膚の神経分布の密度も、顔が圧倒的に高い（図１-11）。

なお、捕食者に追われて逃げているときに、自分が存在している気配を消したい場合、物理的

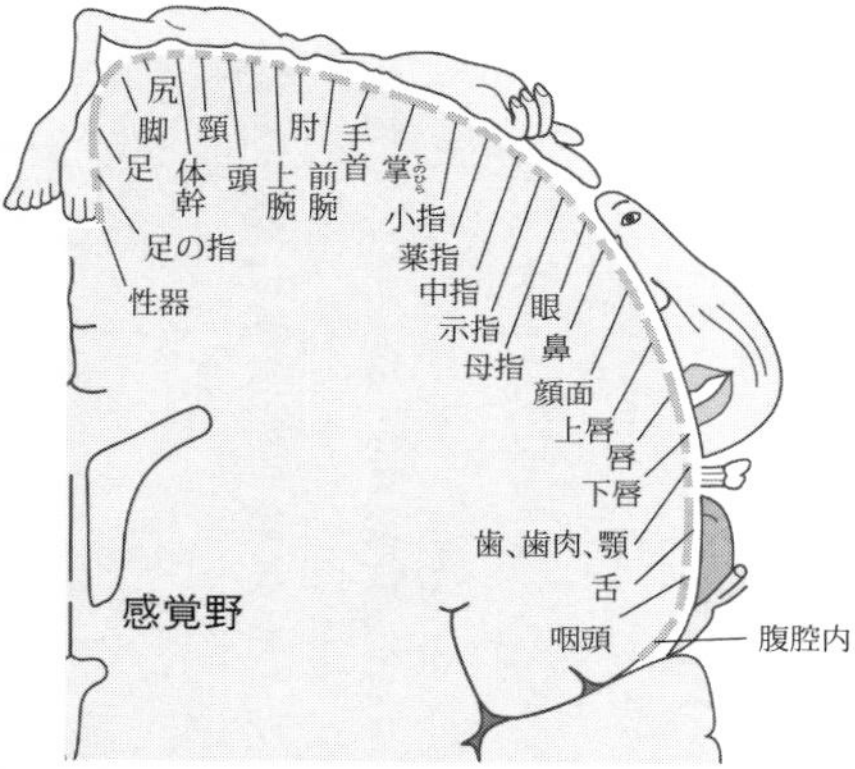

図1-11　脳の感覚野における担当領域を示す模式図
顔の領域は小さいが、神経が密に分布している

な光と音による気配は「切れ」がよいので、身を隠し静かにしていれば存在しないことにできるが、化学的な匂いと味はまとわりつくので、すぐに存在していないことにはできない。だから、ヘビは舌に匂いの分子を付着させ、ナマズはヒゲで体液の残留物を味わって餌を捕らえる。さらにナマズやデンキウナギは、電気抵抗の違いを検知するという離れ業も持っている。

このように感覚のもとになる物理化学現象に「切れ」の違いがあるので、映画や音楽は大勢で同時に楽しむことができるが、料理や香水は個別な嗜好の対象となっている。ワインのテイスティングや香道で香を聞く会は、個別例を集めているにすぎない。

眼は脳の出張所

動物の進化の過程では、眼はいくつかの動物のグループ（門）で独自に発達した。そのため眼の基本構造はグループによって違っている。発生過程が違うのだ。

なお最近の研究によると、そもそも動物が光を感じる遺伝子は、植物が光を感じる遺伝子がウイルスの感染を介して動物に取り込まれたものらしい。あるいは、想像だが、エネルギー生産力のある微生物を細胞内に取り込んでミトコンドリアに変化させたように、植物の光合成器官である葉緑体の一部を取り込んで視細胞にしたのかもしれない。

無脊椎動物の眼は、体表にできていた視細胞がそのまま体内に陥入して発達し、眼になったもので、常識的な発生過程といえる。

しかし脊椎動物の眼は、体表の視細胞が初期発生の過程で神経管の陥入によっていったん脊髄に取り込まれ、その一部が光を求めて脳からまた体表に出てきて、眼の網膜になったと考えられている。網膜の神経が脳と直結しているので、いわば眼が「脳の出張所」となっているわけだ（図1－12）。

その点で、ほかの大部分の感覚の受容器のように、皮膚由来の独自の感覚細胞があって、それが神経細胞を介して脳へつながるというシステムとは一線を画している（嗅神経は原始的でダイレクトに脳へつながっている）。だから、網膜に映った膨大な量のデータを、混乱することなくリアルタイムで脳の後頭葉にある視覚野に送ることができる。また、網膜の血管を見ると脳の血

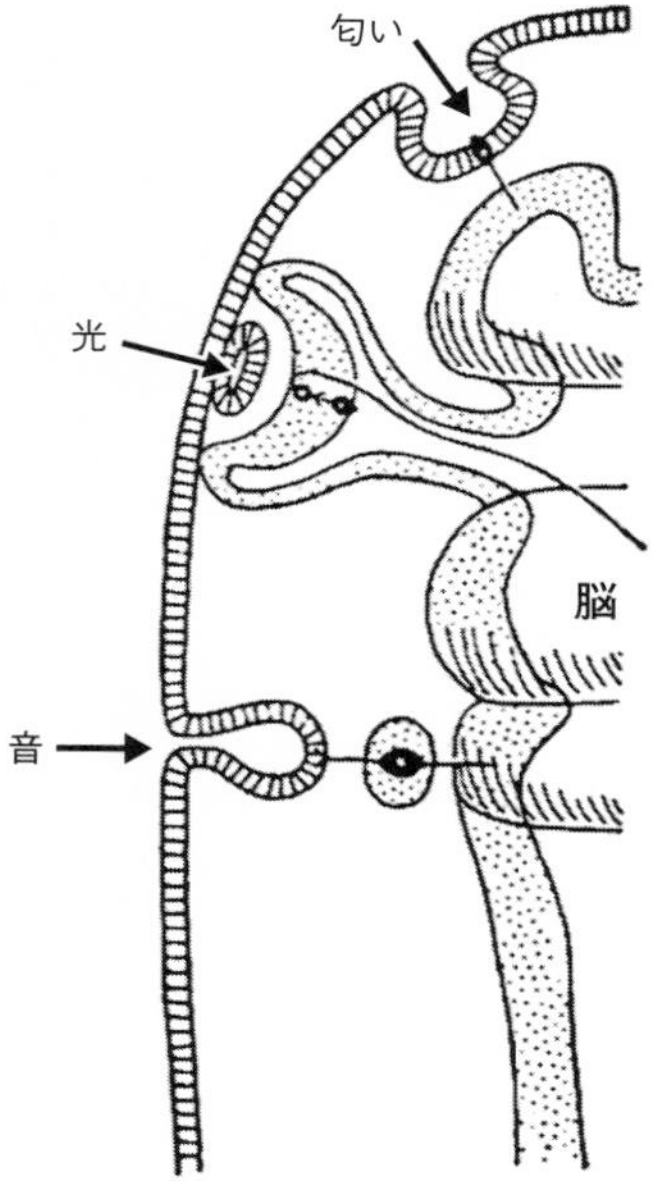

図1-12　脳と視覚器の特殊な関係
光を感じる視覚器はほかの感覚器と異なり、中枢の脳の組織が直接、感覚受容器（網膜）をつくっている

管の状態を知ることもできるから、健康診断で眼底の検査をするのだ。

脊椎動物の眼は、普通は左右1対しか見あたらないが（「両側眼」と呼ばれる）、大昔には頭頂の正中部に「頭頂眼」という眼があって、上方からの光を感じていた。それが、いまは脳の中にだけ残り、松果体として日周リズムをつくるための受光器となっている。なお、ムカシトカゲというトカゲの仲間には、頭頂眼が残っている。

通常の陸上脊椎動物は、顔における両眼の位置と、網膜における視細胞の分布状態および黄斑（とくに感度のよい部分）の配置具合によって、「四方を広く見渡す」か「前方を注視して距離を測る」か、どちらかの見え方を選択している（図1－13）。しかし両方を満足させることは難しい。哺乳類では、草食動物の多くは四方を見る配置であり、捕食動物や霊長類の多くは前を見る

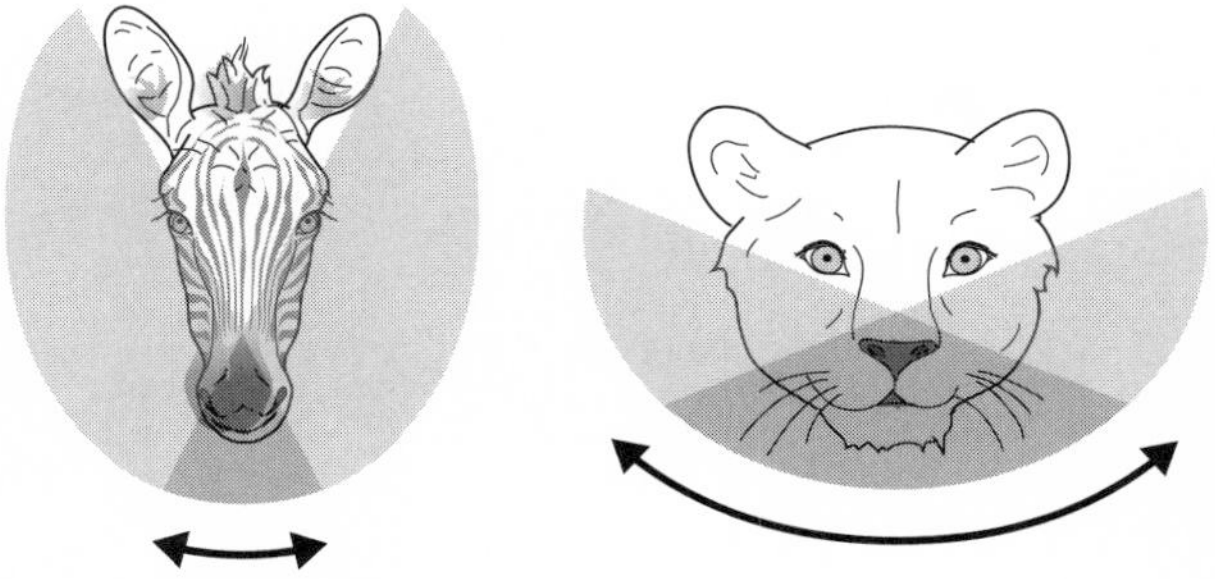

図1-13　見え方の違い
両方を満足させることは難しい

配置である。ヒトの場合はさらに、近くでよく見て吟味する働きが重要になっている。ただし、鳥類の多くには、両方を満足させる眼の構造がある。黄斑が２ヵ所にあり、しかも、黄斑の視細胞の数が多いのだ。

発達した眼（昆虫のような複眼ではなく単眼）では、レンズの働きをする水晶体と、視細胞が並んだ網膜がある点は共通している。しかし、レンズの位置や曲率を変えてピントを合わせるしくみ、あるいは網膜における視細胞の並び方は、動物のグループによって違っている（図１－14）。

脊椎動物の眼では、視細胞が（層構造の）網膜の中で最も外側（眼球表面側）にあり、しかも光を感じる部分が光の入る方向とは逆（奥）を向いている（「背光眼」と呼ばれる）。そして、視細胞から出る神経線維が網膜の内側（手前）にあるので、その神経線維が視細胞への光の透過を邪魔して感度を少し下げている。しかしそれは、網膜の外側にある脈絡膜（ブドウ膜）が視細胞に接して栄養を送

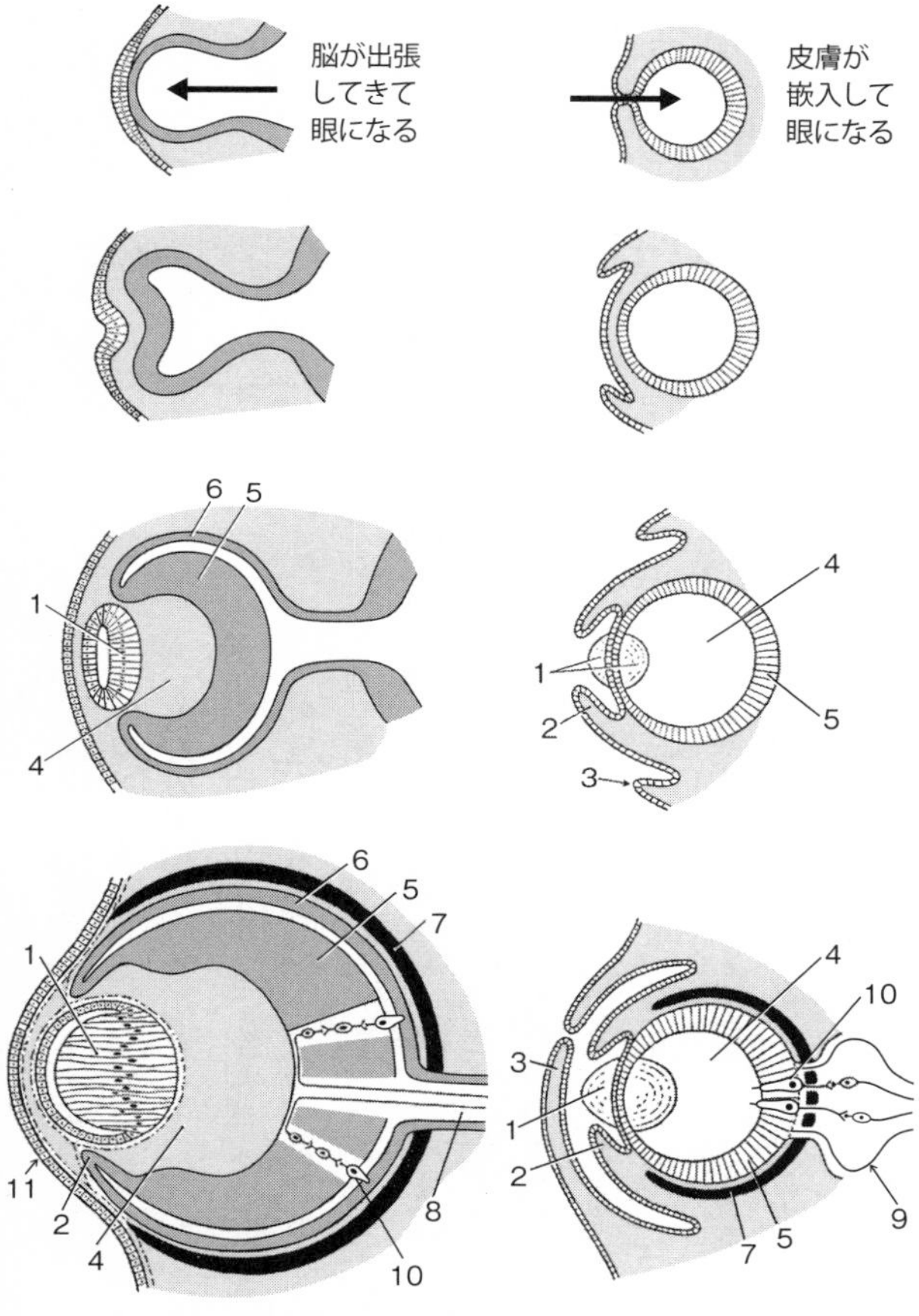

図1-14　脊椎動物の眼（左）と無脊椎動物の眼（右）の発生のイメージ
1水晶体　2虹彩　3眼瞼　4硝子体　5網膜　6脈絡膜　7強膜
8視神経　9神経節　10視細胞　11角膜

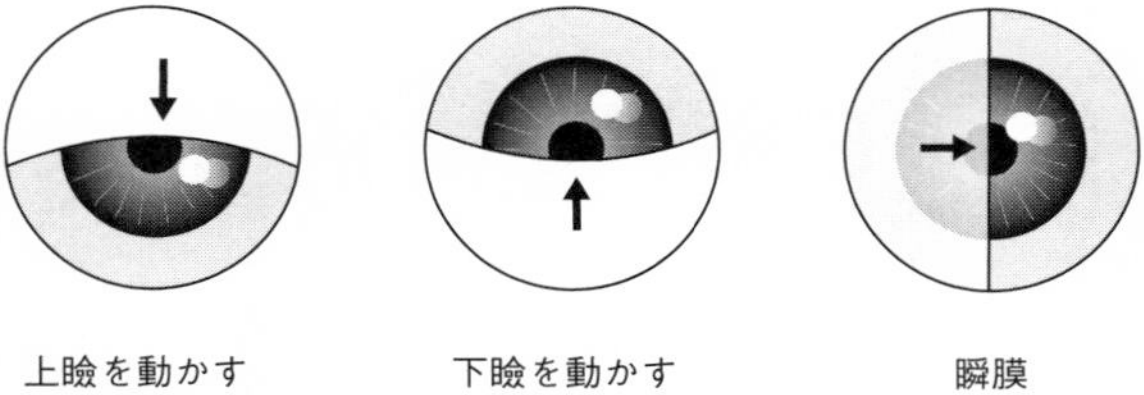

図1-15　いろいろな瞼
どの瞼を動かすかは動物によりさまざま

り、視細胞をうまく養うために必要な構造と考えられている。

それに対して、イカやタコの網膜では、視細胞が最も内側にあって、しかも内側を向いているので、光が直に当たり（「対光眼」と呼ばれる）、感度が非常によいが、視細胞を養う機構は劣る。そのような高感度の構造は、たとえばダイオウイカの巨大な眼が、深海できわめてわずかな光を感知する際に役立っているのだろう。

脊椎動物でも軟体動物でも、夜に行動する動物は、網膜の奥に反射板（タペタム）があって、光を2回感じられるようになっている。夜に、多くの動物の眼が光るのはそのためである。

眼球を覆う瞼《まぶた》（眼瞼）とその動かし方は、動物によって異なっている（図1－15）。爬虫類には上下の瞼があるが、トカゲとカメは下瞼を動かし、ワニは上瞼を動かす。鳥類と哺乳類にも上下の瞼はあるが、鳥類は主に下瞼を動かし、哺乳類は主に上瞼を動かしているそうだ。なぜ動物のグループによってこうした違いがあるのかはわからない。

また、瞼と眼球の間にある「瞬膜《しゅんまく》」は、瞼を閉じるのに時間がかかる両生類・爬虫類・鳥類ではよく発達していて眼を保護しているが、瞼を開閉する上眼瞼挙筋と眼輪筋が発達して瞬間的な瞬きができる哺乳類では、退化的である。とくに、霊長類では発達していない。

舌と鼻が感じる微粒子

味と匂いは、水に溶けたり空気中を伝わってきた化学物質の微粒子が、特定の感覚受容器にはまり込むことによって感じられるという点で同じであり、それを感じる味覚器と嗅覚器は、視覚器や聴覚器のような高度に分化したしくみは持っていない。

しかし、原始的な生物から高等な生物まで、餌を探索し吟味するためには味覚と嗅覚はきわめて有効な手段であり、とくに光のない世界や、餌がすでに移動してしまった状況では抜群の働きをする。たとえば、ナマズは全身に味を感じる味蕾《みらい》が分布しているので、暗闇でも獲物がどこにいるか探り当てる。イヌは、匂いをたどって獲物を（犯人も）追い詰める。なお、これらの感覚は見えない敵の存在を知るためにも重要である。私自身、広大なバッキンガム宮殿の中を見物していて、ゆく先々で癖のある香水の匂いを感知しながら順路に沿って歩いて行ったら、とうとうその香水をつけたご婦人に追いついたことがあった。

味蕾はもともと口の周りや口腔内に広く分布していたが、哺乳類では舌に集中している。もっとも、ヒトの味蕾の分布に関してはかつて、「甘みは舌の先」「苦みは舌の奥」などといわれたが、いまでは舌全体でさまざまな味を感じていることが明らかになった。

子どものうちは味覚が敏感だが、年をとるにつれて鈍感になる。子どもに野菜嫌いが多かったり、年寄りが濃い味や苦みを好んだりするのも当然である。私自身、最近は熱湯で煎じた苦いお茶が大好きになった（栄養分やカフェインを完全に抽出させる点でもいいはずだ）。

感覚器の進化をみていくと、水中に暮らす魚類は、鼻の孔が４つある。匂いを嗅ぐ左右の嗅嚢の前後に、鼻孔が二つあるからだ。魚類が泳ぐと、前の孔（前鼻孔）から入った水が後ろの孔（後鼻孔）に抜け、途中の嗅嚢にある嗅神経で匂いを感知する。鼻孔が左右に離れているので、左右どちらの匂いが強いかによって餌のいる場所を探り当てる。ただし、止まっていると水が流れないので、感度が落ちる。

鼻鏡のスゴ技

陸上脊椎動物では、後鼻孔が口腔あるいは咽頭に開口し、息を吸うたびに新しい匂いが外鼻孔（前鼻孔）から入ってくる。常時、警戒態勢を敷いているわけだ。もちろん警戒警報が発せられれば、強く息を吸って匂いを嗅ぐ動作に移る。ただし左右の外鼻孔が近接しているので、獲物のいる場所を知るためには、顔（鼻）を動かす必要がある。

イヌやウシの鼻には、ヒトとは違って、普通の皮膚ではなく、毛がなくてゴムのように見える部分がある。触ってみると、その弾力はまさにゴムのようである。これは「鼻鏡《びきょう》」（あるいは鼻唇平面）と呼ばれるもので、表面に細かい突起と溝があり、いつも濡れている（図1－16右）。鼻鏡には正中に縦のスリットが入っていて、上唇溝と呼ばれる。さらに、正面の外鼻孔の脇にも外鼻溝と呼ばれるスリットがあり、外側に伸びだしている。そのため、鼻の孔はコンマ（，）の形が左右対称に二つ並んだ形をしている。本来の外鼻孔がコンマの丸い頭の部分で、外側に向かう外鼻溝がコンマの跳ねている部分だ。これらはどのような役割をはたしているのだろうか。

まず、鼻鏡の存在は、そこに吸着した匂い分子を、舌で嘗めて口に運び、口蓋にある特殊な嗅覚器官であるヤコブソン器官に入れて、匂いを分析するためのものである。鼻鏡を持つ動物は上唇の正中部に上唇溝があって、上唇が左右に分かれているのだが、これは鼻鏡を舌で嘗めやすくするためと考えられる。よくネコやウサギでは、上唇溝で分割された上唇の形がオメガ（ω）形でかわいいといわれる（図1－16左）。とくにフェロモン（性誘引物質）をヤコブソン器官で分析するためには、上唇を引き上げて外鼻孔と外鼻溝を塞ぎ、口から息を吸うことがある。その独特な行為をフレーメン反応と呼ぶ。

次に、外鼻孔から横へ広がるスリット状の外鼻溝の役割である。ヒトやニホンザルには、そんな構造はない。じつはこれこそ、視覚よりも嗅覚を頼りにして生きている大部分の哺乳類に備わ

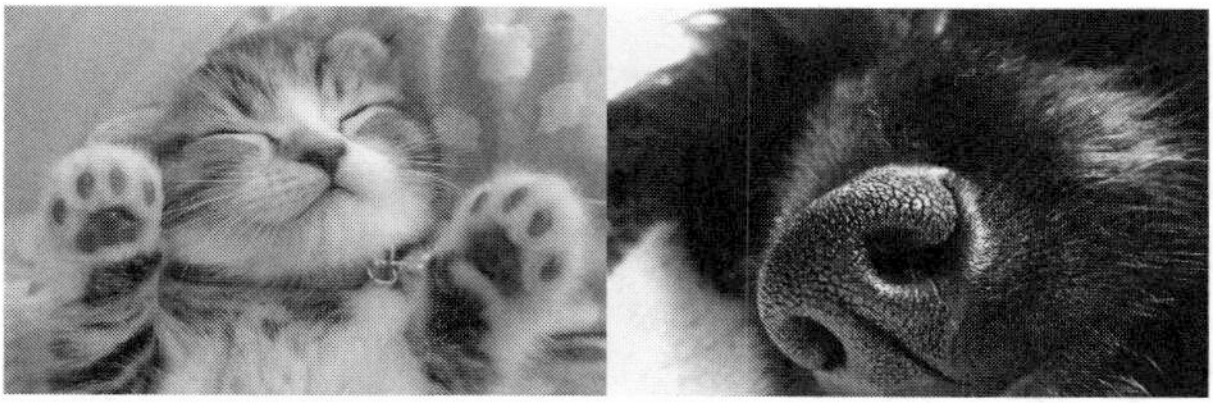

図1-16　イヌの鼻鏡（右）とネコの上唇溝

ったスゴ技なのだ。ヒトでは吸気も呼気も同じ鼻の孔から出入りする。しかし、スリットを持っている哺乳類では、吸気は普通の外鼻孔から吸うが、呼気は必要に応じて、横の外鼻溝から出すという。それは、外鼻孔から吸った匂いを含んだ空気を鼻腔の一部に溜めておくことに役立つそうだ。また、正面の外鼻孔から呼気を出すと、これから嗅ごうとしている空気を乱す恐れがあるが、外鼻溝から呼気を横に出せば、これから吸う空気を乱すことはない。

匂いは、映像や音のように鮮明ではないが、無意識的な記憶と結びついている。たとえば、特定の匂いを嗅いだ瞬間に、幼い日の経験がよみがえることがある。これを「プルースト効果」という。マルセル・プルーストの『失われた時を求めて』の中で、主人公がマドレーヌを紅茶に浸して食べた瞬間にこれを経験したことからそう呼ぶらしい。

視覚より嗅覚が優勢な哺乳類では、匂いを嗅がないと、食べる行為が誘発されないことがある。かつて、我が家の犬に肉を見せておいてからラップで厳重に包んだら、そこに肉があることを知っていても食べないことがわかった。我々も鼻が悪いと、食欲が湧かないわけだ。

大部分の哺乳類では、匂いによって厳密な個体識別が行われ、それが繁殖行動を含めた社会的行動の基本となっている。ヒトも本来はそうだったのだが、潔癖志向が行き過ぎて体臭を嫌うようになってしまい、接近していたパーソナルディスタンスが崩れているようだ。

耳が感じる振動・傾斜・加速度

耳には、我々が魚類だった頃に発達した、まったく違う2種類の感覚器が収まっている。一つは、骨や浮き袋に伝わった振動を感じることから発達した聴覚器である。それは陸上に棲むようになると、鼓膜や耳小骨の助けを借りて、空気の振動をも感じるようになった。もう一つは、水の動きを感じるために皮膚の中に張りめぐらされた細いパイプである側線器から進化して、三半規管と耳石で頭の傾きや動き（角加速度）を検出するようになった平衡覚器である（図1-17）。

両生類や爬虫類では、外界の空気の振動である音を聞くために、鼓膜が形成され、中耳にあるアブミ骨（馬具の鐙《あぶみ》のような輪の構造）という耳小骨によって、内耳の前庭窓に音の振動を伝えている。わざわざ耳小骨が形成されたのは、内耳の前庭窓が皮膚に露出している状態では、空中の振動が内耳のリンパ液には伝わりにくいからである。そこで、鼓膜が受けた空気の振動をアブミ骨によって前庭窓に伝えることで、その内部のリンパ液をうまく振動させられるという画期

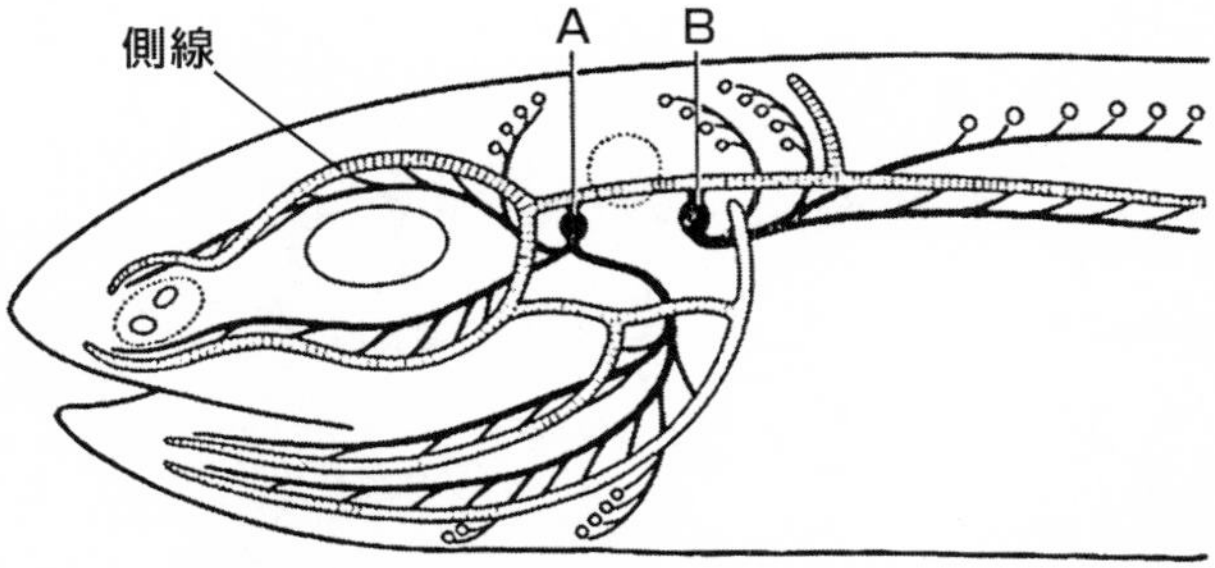

図1-17　古代魚類の側線器（Portmann）
黒は神経（Aは顔面神経、Bは迷走神経）

的発明が誕生したのである。なお、鼓膜の面積が前庭窓の面積よりはるかに大きいので、空気の振動が1000倍も密度が高いリンパ液を振動させられることも重要である。子供が10人集まれば、力士1人と同じ力を出せる理屈だ。

なお、寝転がっている爬虫類では、敵や獲物の到来を告げる地面の震動を下顎骨が受けとるので、下顎骨の後部が中耳と接触し、効果的に振動を耳に伝えている。

哺乳類では、さらに、かつて下顎骨と上顎骨を構成していた骨の一部が中耳に取り込まれて、ツチ骨とキヌタ骨になり、以前からあったアブミ骨とつながって、3つの耳小骨が完成した。ちなみにツチ（槌）は木槌、キヌタ（砧）は木や石の台であり、砧に載せた藁や粗布を槌でたたくという道具に由来している。音の伝わり方も、鼓膜から、ツチ、キヌタ、アブミ、そして内耳の入り口の前庭窓である。

3つの耳小骨はテコ作用を起こすように配置されている

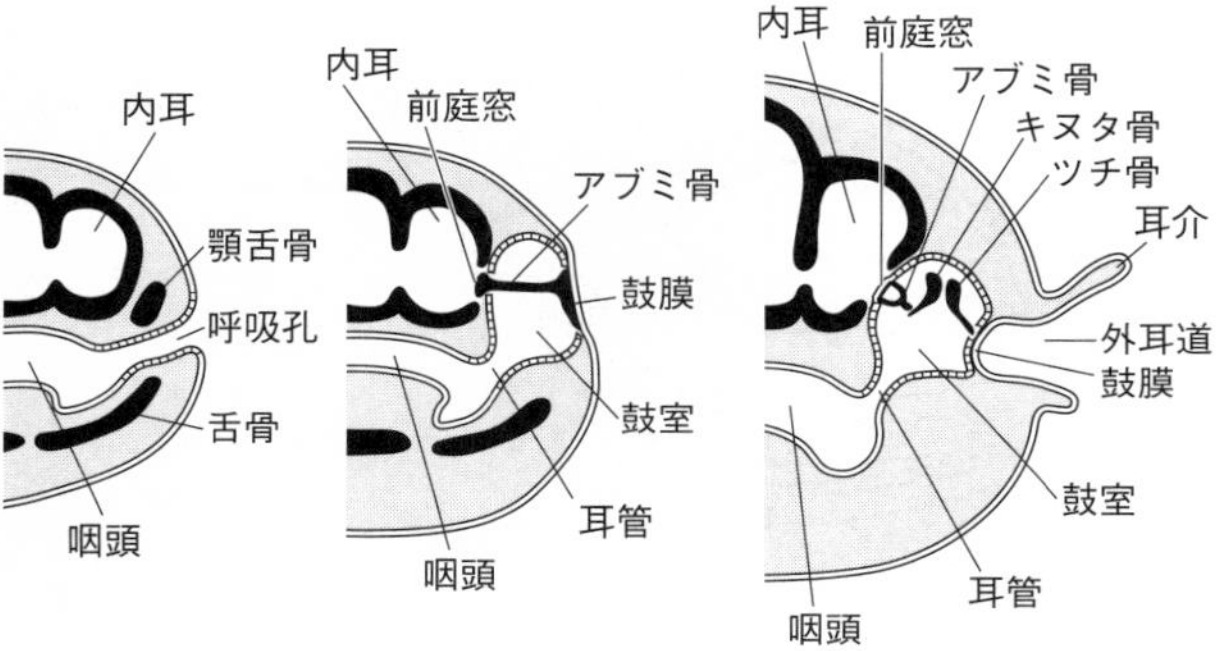

図1-18　耳の進化
左：硬骨魚類　中：両生類、爬虫類、鳥類　右：哺乳類

ので、空気が鼓膜を動かす力は内耳の前庭窓を1・7倍の力で押すことができる。そもそも、哺乳類では、鼓膜の面積は前庭窓の面積の20倍ほども広いので、テコ作用も加わって、空中の音を効率的に伝えられるようになった。また、アブミ骨筋や鼓膜張筋という微細な筋肉によって、強い振動を制御できるようになった。

内耳では、音をリンパ液の振動として感知するため、二重らせんの蝸牛という巧妙な構造ができあがっている。振動は前庭窓から上方の前庭階をらせんの頂点まで上りつめ、すぐに下方の鼓室階を通って鼓室窓へ開放される。そのため、振動が反響して雑音になることがないのだろう。なお、振動を感じる有毛細胞は、前庭階と鼓室階の間の蝸牛《かぎゅう》管の底に並んでいて、入り口の前庭窓の近くで振動数の多い高音を感じとり、頂点の近くで低音を感じている。

それは振動数が多いほど、リンパ液の中で減衰しやすいからだろう。

ちなみに、二重らせんを実感したければ、すがも鴨台《おうだい》観音堂の「鴨台さざえ堂」や、会津若松の「会津さざえ堂」に行くとよい。階段を昇っていくと頂上に達し、そのまま前方に進んで階段を降りると、入り口とは別の出口に至る。また、フランスのロワール川のたもとの巨大なシャンボール城には、レオナルド・ダ・ヴィンチがデザインしたといわれる大きな二重らせん階段がある。ご覧になった方も多いだろう。

頭部の傾き（回転）は三半規管の中のリンパ液の動きによって感知されている。頭部の動き（角加速度）は、三半規管の根元にある耳石の動きによって検出される。これらの調整がうまくいかないと、頭痛やめまいを起こすことはよく知られている。三半規管の構造は動物のグループによって違い、大昔の化石人類も種によって微妙に異なるという研究もある。

なお、耳石は、動物によっては徐々に育つので、日輪や年輪が形成され、年齢推定に使われることがある。とくにクジラの耳石は大きく（10㎝を超える）、化石となって残ることがある。

1-3 「柔らかい顔」の由来

魚類や爬虫類の顔は全体に硬く、表情がない。彼らの顔は薄い皮膚が骨にじかに張りついていて、顔面筋もないので、皮膚を動かすことはできないからである。これに対して哺乳類の顔は、皮下組織と顔面筋が発達しているので柔らかく、皮膚を動かし、感情を表すことができる。それにもかかわらず、恥知らずで感情を見せない人間の顔が「鉄面皮」といわれるのはよくわかる。

丸呑み爬虫類に頬はいらない

両生類や爬虫類は、餌を丸呑みしてしまう。大きな餌なら食いちぎることはあっても、噛み砕くことはない。それは、すべての歯が尖っていて（同形歯性）、細かく噛み砕くことができないからだ。前述したように、鼻腔と口腔が完全に分離されていないので、ゆっくり噛みながら息を吸うと食物が気管に入ってしまうからだ。

両生類や爬虫類が大きな餌を丸呑みすると、消化に時間がかかる。だから一般的に彼らは哺乳類に比べると代謝速度が遅く、活発ではないし、寒い地域は苦手である。そこでヘビのように、大きな餌を食べたらしばらく動かない、冬には冬眠するという作戦を採る場合もある。

そうした両生類や爬虫類にとっては、大きな餌を捕らえるために、口はできるだけ大きく開ける必要がある。哺乳類のような頬があっても邪魔にしかならない。ただし一部の植物食性恐竜は、細かい歯がたくさんあって葉や草を細かく嚙み砕いていたので、頬の役割をする構造があったと思われる。

よく吸い、よく嚙む哺乳類

哺乳類の特徴は、文字通り「乳で育てる」ことである（「胎盤で育てる」というのも重要だがここでは触れない）。乳を吸うためには、口腔を陰圧にする必要があり、頬と口によって口腔を密閉すると都合がよい。ただし、必ずしも口腔全体を密閉しなくても、舌をうまく使って乳を吸うこともできる。イルカには頬はないが、乳を吸うのに問題はない。栄養豊富な乳があるから赤ん坊がよく育つことは、いうまでもない。

前にも述べたが、哺乳類の歯は爬虫類とは違って機能別に特殊化していて、切歯・犬歯・前（小）臼歯・後（大）臼歯が前から並んでいる（異形歯性）。哺乳類にとって頬が必要なのは、臼歯で食物をよく嚙むときである。単純に食物がこぼれないためだけではなく、舌（舌筋）と頬

（頬筋）が内と外から協力して、食物を上下の歯の間に適切に押し込むことが必要なのだ。ときどき失敗して舌や頬を嚙んでしまうことがあるくらい、舌と頬は歯と密接している。

細かく食物を嚙み砕けば、消化が速いので、哺乳類は爬虫類に比べて代謝が高く、一定の体温を維持しながら活発な運動ができるようになった。寒い地域でも暮らせるわけだ。

頸から来た顔面筋

筋肉といえば、骨と骨を結んで骨格を動かす骨格筋が知られているが、骨と皮膚、あるいは皮膚と皮膚を結んでいる筋肉もあり、「皮筋」と呼ばれている。爬虫類でも頸などでは皮筋が発達しているが、顔では皮膚が骨にぴったり張りついているので発達はみられない。中小型の哺乳類では、ほぼ全身を覆うほど皮筋はよく発達している。たとえばイヌは、雨に濡れると胴体の皮膚を大きく動かし、水滴をまき散らしているが、あれも皮筋の働きによる。

さらに哺乳類では、顔にも皮筋が発達している。おそらく1億年以上前の初期哺乳類の時代に、顔を含めた全身の皮膚に毛が生え、立毛筋や汗腺が発達したことにより、それらを養うために顔の皮下組織が厚くなり、頸の皮筋が顔に進入し、顔面筋となったのだろう。そして、顔面筋の一種である頬筋が頬の裏打ちをし、同じく口輪筋が唇を閉じ、また、口蓋が完成したので、息をしながら乳を飲み、ゆっくり咀嚼できるようにもなったと考えられる（図1-19）。

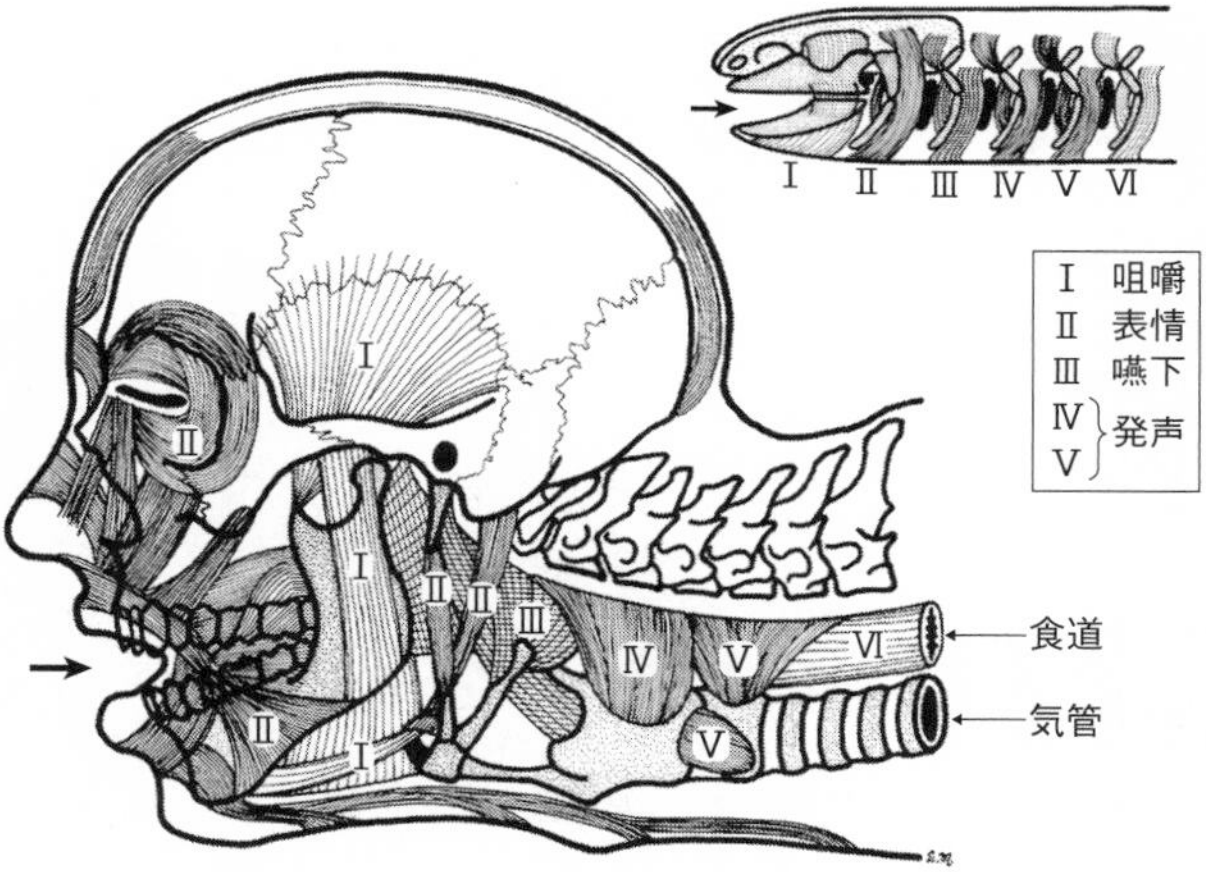

図1-19　ヒトとサメの筋肉の対比
ヒトの顔と頸の筋肉は魚類の鰓弓の筋肉に由来している。ローマ数字は鰓弓の番号に対応しているが、ヒトではさまざまな機能に分化した（三木成夫）

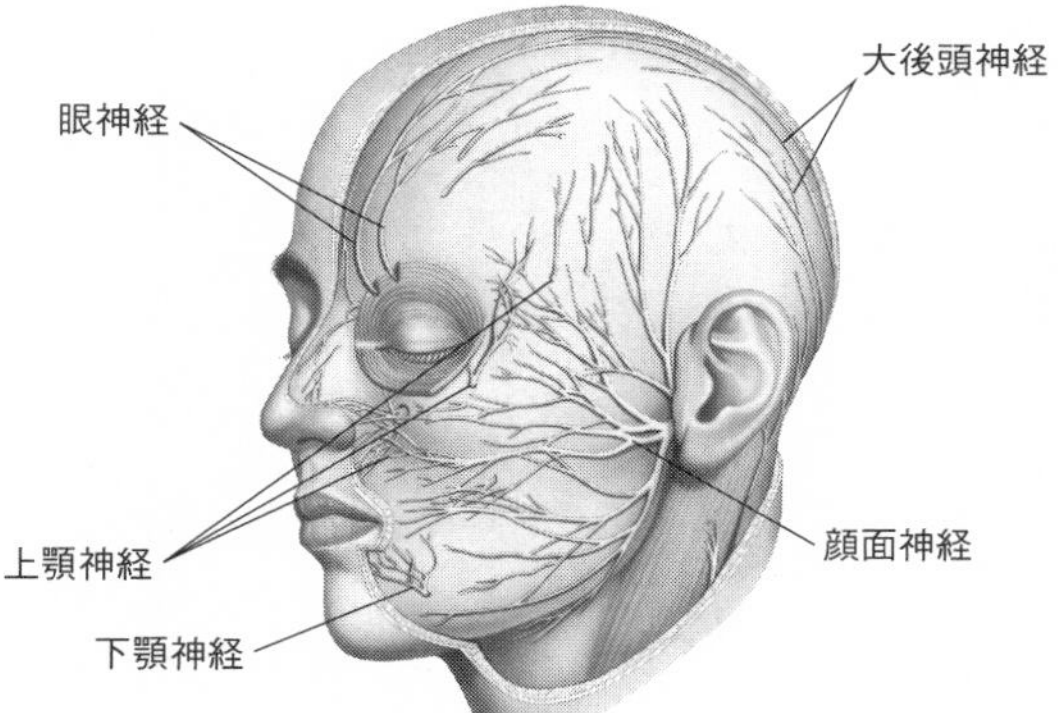

図1-20　三叉神経と顔面神経
（石井礼子画）

顔面筋はもともと頸にあったので、その動きを支配する神経は、下顎骨の後下方から顔中に拡がる顔面神経である。それが部分的に麻痺すると顔面が歪む。

顔の知覚を司る神経は三叉神経（眼神経、上顎神経、下顎神経に分かれるのでそう呼ばれる）の枝であり、顔の奥から3ヵ所の骨の切痕や孔（眼神経の枝は眼窩上切痕、上顎神経の枝は眼窩下孔、下顎神経の枝はオトガイ孔）を通って出てきて、顔面に分布している（図1-20）。途中で外傷や腫瘍によって圧迫されると、あるいは寒冷刺激などが引き金となって、三叉神経痛が起きる。一般に顔面神経痛といわれるのは、筋肉を動かす顔面神経が痛いのではなく、顔面の知覚を司る神経（三叉神経）が痛いという意味である。

さて、哺乳類では、両生類や爬虫類が固有の眼筋でのんびりやっていた瞼を閉じるという動きを、顔面筋の一つである強力な眼輪筋が行うようになり、すばやくしっかりと目を閉じることにより障害物から効果的に眼を守ることができるようになった。また、テンレックやイノシシのように、地中の餌の匂いをよく嗅ぐために鼻面を動かす動きも、顔面筋の重要な役割となった。

こうして、伸縮自在な皮膚と、顔面筋を内蔵した厚く軟らかい皮下組織がそろったことで、哺乳類は顔面筋によって顔中の皮膚を動かし、自在に表情を操る、あるいは無意識的に表情が変化するようになった。そこで顔面筋は表情筋とも呼ばれる。ヒトでは22種類の表情筋が発達し、じつに多彩な表情をつくりだしている。くわしくはのちほどみていこう。

1-4 顔の各部の大きさと変化

ヒトを含めた陸上脊椎動物の顔はさまざまだ。もちろん、生物として生きていくために長い進化の過程で獲得した基本設計の大枠が違うわけではない。しかし、動物によって、あるいは人によって、顔の輪郭も違うし、部品の大きさや形、配置もずいぶん違う。これらの違いは単に個別の事情や偶然だろうか。それとも何らかの共通したルールがあるのだろうか。

大きさの影響は深刻

そもそも、動物の身体の構造は、大きさの影響を強く受けている（スケール効果）。かりに、ある動物が同じ形のままで2倍の大きさになったら、体表面積は4倍になり、体重は8倍になる。このとき、四肢の骨の断面積は4倍にしかならないので、8倍になった体重を支えるのは難しい。そこで、身体を支持して移動するために必要な強度を得るには、まず骨の断面積を8倍にする必要がある。しかし、そうすると骨格全体が重くなりすぎるので、実際には6倍程度で妥協

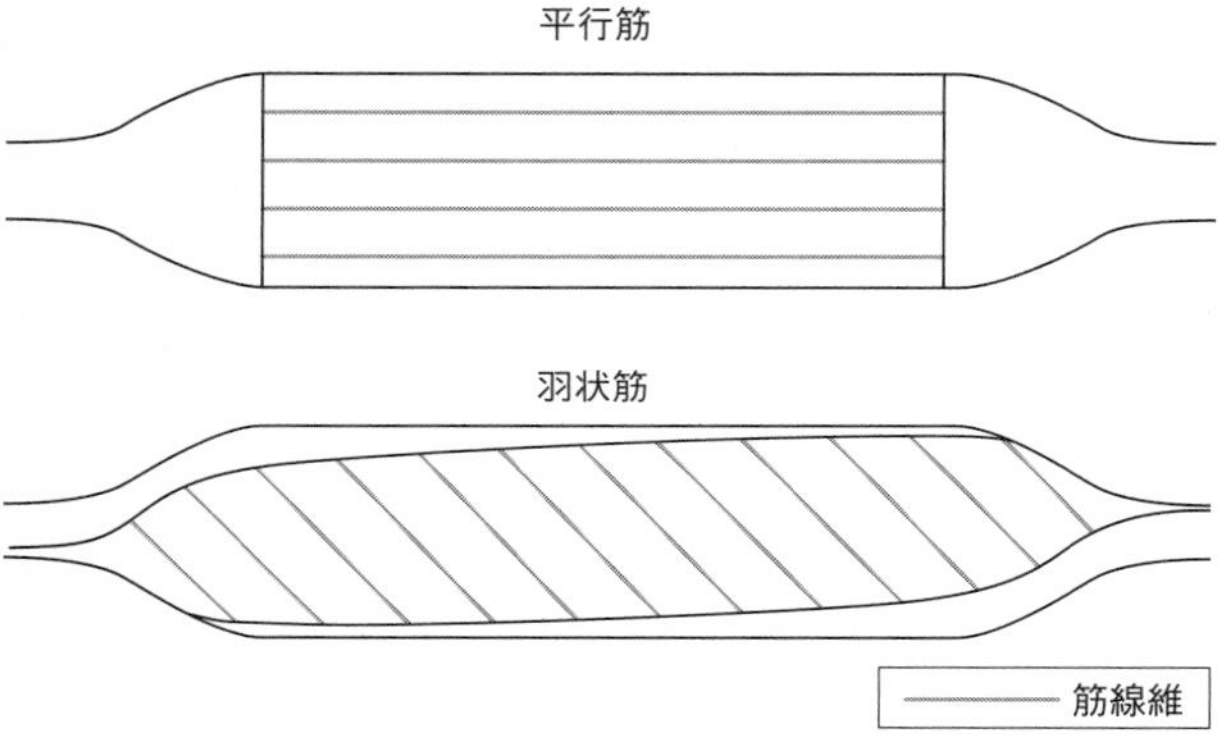

図1-21　平行筋と羽状筋のイメージ
腕や足を曲げる筋肉にはスピードにすぐれる平行筋（上）、伸ばす筋肉にはより大きな力が出る羽状筋が多くみられる。ただし筋肉全体では羽状筋のほうが多い

せざるをえない。筋力も筋肉の断面積に比例するので、骨と同じ4倍にしかならないが、運動範囲を制限したり、四肢の筋肉構造の多くを羽状筋にするなど工夫したりして（図1－21）、6倍程度に高めている。だから、大型動物は絶対的には頑丈な骨格と強力な筋肉を持つが、じつは相対的には見かけ倒しで非力なのである。

栄養を吸収しエネルギーを発生するための消化器官や呼吸器官も重量が8倍になるが、実際に働く粘膜の面積は4倍にしかならない。つまり、エネルギーは4倍しか生産できない。しかし、体表から失われる熱は体表面に比例し4倍なので、体重のわりには、熱の消費は少ない。一方、体を動かす筋肉のエネルギー消費は体重に比例するので、8倍も必要になる。しかし、エネルギー生産は4倍なので、大型動物は小型動物のように活発には行動できない。

ところが、感覚器および中枢神経系は情報を扱うので、体重に比例して大きくなる必要はない。つまり、大きな動物ほど、身体のわりに感覚器が小さいという傾向がある。たとえば、ネコに比べてトラは、手足は大きいが、額が平らで、眼と耳が小さい。ネコと違って、自分より大きな獲物を捕らえるために、上・下顎骨も大きい。実物のトラを見たことのない江戸時代の絵師が描いたトラが、大きなネコになってしまう理屈がわかるだろう。眼や耳の大きな動物は可愛く、眼や耳の小さな動物は怖いのだ。

なお、ゾウの耳介はきわめて大きいが、音を集めるためではなく、パタパタと動かすことによって、放熱器官として役立っている。

暮らし方による部品の変化

顔の個々の部品は、棲んでいる環境と食物に適応し、大きさや配置を微妙に変えてきた。霊長類でも、一般に小さなサルは、たまにしか見つからないが軟らかく高カロリーの肉や果物を餌とすることが多い。そうすると咀嚼器の負担が軽いので、その分、感覚器を大きくして餌をうまく探す努力をする。

たとえば小さなメガネザルは、主に夜に活動し、高カロリーの昆虫やトカゲを探し出して食べるので、眼と耳が大きく、とくに顎より眼球のほうがはるかに大きい（図1－22上）。さらに、顔に対してだけでなく眼窩の中で眼球の占める割合がきわめて大きく、眼球を動かすことがほとんどできないので、顔を動かして視線の方向を調整している。これは、視覚の発達した鳥類とも

図1-22　上からメガネザル、ゴリラ、テンレック

似ている。

それとは逆に、大きなゴリラは、身体を養えるほど大量の昆虫やトカゲを採取するのは困難であり、どこにでもある草や葉などの硬くて繊維質が多い低カロリーの食物を大量に摂取するという作戦を採ったので、耳や眼より顎のほうがはるかに大きくなった（図1－22中）。

さらに、顎や咀嚼筋の構造と発達具合、あるいは歯の形態や数と大きさを分析すると、化石人類を含めた大昔の動物の食生活を推定することができる。

どの感覚器が発達するかも、動物の棲む環境と暮らし方によって大きく違ってくる。主に夜に、地中のミミズなどを探すテンレック（図1－22下）のような食虫類では、嗅覚が発達し、視覚が退化している。同じ夜行性でも、フクロウやメガネザルは、視覚と聴覚を発達させて小型の動物を捕らえる。

昼に行動する霊長類は、視覚を発達させ、嗅覚と聴覚を退化させた。とくに視覚に関しては、果物の熟し具合を知るためもあって、赤・青・緑の3種類の色を感知する視細胞（錐体細胞）を発達させてきた。我々もその伝統を受け継いでいるので、彩り豊かな世界を堪能できる。

鳥類には4種類の色を感知する錐体細胞があるので、我々以上に色彩豊かな認識ができるらしい。鳥類の祖先といわれる恐竜もそうなら、恐竜の体色は派手だった可能性もある。

夜行性のイヌやウマは、嗅覚と聴覚が発達しているだけでなく、視覚も非常に良い。ただし、明るさを感じる桿体細胞が多いので感度はよい（ヒトの6倍といわれる）が、色を感じる錐体細胞は少なく、色覚が弱いため、赤緑色覚異常の状態に近いといわれる。

なお、一般に動物は、子どものうちは頭でっかちである（図1－23）。頭部の中でも、咀嚼器

図1-23　ローレンツのベビー図式
オーストリアの動物行動学者コンラート・ローレンツは、動物の子どもが備える特徴（左）により「かわいい」という感情が触発されると考えた（Lorenz）

が小さくて感覚器が大きく、さらに脳が際だって大きい。その結果、ヒトの子どもは眼が顔の真ん中ほどに位置している。成長するにつれ、とくに咀嚼器が発達し、眼より下が拡大した大人顔になる。その傾向は女性より男性のほうが強く、性差として認識され、しっかりした顎は性的魅力にもなる。

1-5 動物の顔はなぜ違うのか

動物の顔は、進化の過程でさまざまな適応を遂げた。ここでは、とくに目立つ陸上脊椎動物の顔について考える。

ウマはなぜ馬面か

人間の顔を形容するときに、細長い顔、とくに眼から口までの距離が長い顔を「馬面《うまづら》」という。では、ウマの顔はなぜ長いのか（図1－24）。草をよく噛むために臼歯が並んでいるから、そのために長いようにも見える。たしかに、ウマの臼歯（上下左右とも前臼歯3本と後臼歯3本、ヒトでは小臼歯2本と大臼歯3本）は大きく発達しているが、切歯と臼歯の間に隙間があって、臼歯が並ぶのに必要である以上に顎が長く、顔も長くなっている。なお、人間はその隙間に轡《くつわ》の一部（馬銜《はみ》）を入れ、手綱をつけて、ウマを制御している。主にオスに生える小さな犬歯（狼歯）は抜いてしまう。

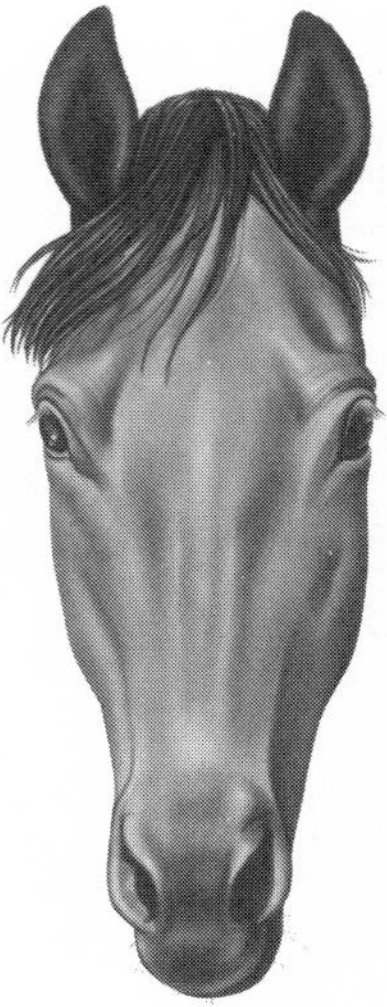

図1-24　長い顔にはわけがある（石井礼子画）

ウマは立ったまま草を食べる。座ったり寝ころがったりして食べていたら、トラやライオンに襲われたときすぐ逃げられず、危ない。また、好きな草があちこちに生えていたら、移動しながら食べるほうが便利である。すると、顔と頸の長さの合計は、前脚より長くなければならないわけだ。

さて、ウマは長距離を走るために、脚が非常に細長い。しかし、その長い脚に合わせて頸だけを長く伸ばして地面の草を食べるのは、重さの点で得策ではない。なぜなら、ウマは臼歯で噛むために頬の咬筋が大きく発達しているので、顔の頸に近いところは太く重いからだ。

そこで、顔の口の近くを細長く伸ばして、その分、頸を短くすれば、全体が軽くなる。眼が口から離れれば、視野が広がり、高い草が眼を傷つける心配もない。口の付近が細ければ、好きな草だけ選んで食べるにも都合がよい。結果として、顔が長くなったわけだ。

図1-25　丸い顔にもわけがある（石井礼子画）

ネコはなぜ丸顔か

では、ネコの顔はなぜ広く、短く、そして丸いのだろうか（図１－25）。両眼が顔の前に並ぶために広いのではない。じつは、獲物に強い力で噛みついて殺すために、幅広で短く頑丈なのだ。顔の骨は幅が広いほうが頑丈なのは当然だが、噛む筋肉（主に側頭筋と咬筋）もそのほうが太くなるので力を出せる。

さらに、顎が短いほうが強く噛める。はさみで厚紙を切るときは、先で切るより支点の近くで切るのと同じである。しかも、ネコは草食動物と違って肉をよく噛む必要がないので、歯の数も少なくなり、顎が短くてもよい。さらに頸も太く短いので、餌を食べたり水を飲んだりするときは、腕と脚を大きく曲げて伏せている。なお、ネコの仲間のチーターは脚が長く、速く走るが、動物を狩るので顔と頸はネコと同じように短く頑丈にできている（ただし軽量化のために、ヒョウなどに比べると頑丈ではない）。

ネコの仲間は側頭筋が発達しているが、それは犬歯で噛みつくため、そして獲物を逃がさないために必要だからだ。ウマで発達している咬筋は、下顎骨を上方やや前方に引き上げる筋肉なので、咬筋だけが強くても噛みついた獲物が暴れると下顎骨が前に動いて、獲物が逃げてしまう。ところが側頭筋は、下顎骨を上方に引き上げるとともに後方に引っ張るので、これが発達していると獲物は逃げられない。

短くなったイヌの顔

イヌの顔は多様性に富んでいて、ウマに近いほど長いものから、ネコと同様に丸いもの、あるいはかなり短いものまである。これはどうしてだろうか。

イヌの祖先のオオカミは顔が長い。オオカミもネコと同じく狩りをするが、ネコが待ち伏せをして瞬発力を利用するのに対して、オオカミは獲物の匂いをたどって長距離を追いかける。そこで、鼻面を地面に近づけながら走る必要がある。したがって、ウマほどでなくとも、顔と頸の長さの合計は前脚の長さに近い。つまり、オオカミは脚が長いので、顔も長いのだ。ちなみに、そもそもオオカミは、ネコやライオンのような純粋の肉食性ではなく、果物なども食べる雑食性の状態を保っていて、歯列も長く、顎と顔が長くて当然である。

イヌの中でも、脚の長いコリーやボルゾイの顔は長く、脚が短い柴犬やビーグルの顔が短いのは納得できる。もっとも、このような違いは、人間がイヌを家畜化した過程で、目的に合わせて

図1-26　シェパードの顔はかなり長いのだが（石井礼子画）

品種改良したからだ。いずれにせよ、顔と脚の長さのバランスがとれているイヌが水を飲むときには、ネコやライオンとは違って、立ったまま前脚を少し曲げる。

ブルドッグは、もともとは大型の闘犬で、雄牛（ブル）と戦わせるためのイヌだったといわれている。一説によると、顔を短縮し、さらに鼻面を口より引っ込めたので、噛む力が強くなり、しかも噛みついたまま息ができるので、好都合だったとのこと。しかし、別の説によると、闘犬ショーが禁止されてから、愛玩用として極端に顔を短縮したともいわれる。いずれにせよ、こうなると顔の長さが脚の長さに比例するとはいえない。しかも、そのために噛み合わせが悪くなり、呼吸困難も起こしやすくなった。同じような特徴があるパグ犬も、いつもゼロゼロ言って苦しそうで、とても見ていられない。彼らは現代人に起きている歯列異常や睡眠時無呼吸症を起こしている。動物愛護団体がなぜ文句を言わないのか、理解できない。

ところで、ダックスフントが顔は長いのに脚が短いのは、ウサギの巣穴に潜り込んでウサギを捕まえられるように、人間が改良したからである。逆に、顔が短く脚が長いイヌを品種改良（改悪）でつくってしまったら、地面の匂いを嗅ぐのにも不自由でかわいそうなことになるだろう。

キリンの頸はなぜ短いのか

この見出しを見れば、キリンの頸は長いはずではないのか、と思われるだろう。確かに、絶対的な頸の長さでは、現生のすべての動物のなかでキリンの首は最も長い（絶滅した恐竜には負けるが）。しかし、自分の前脚に対しては、（相対的に）短いのだ。後脚に対してはギリギリ釣り合っているという程度なのである。

つまり、前脚が長く後脚が短いので、キリンの背中は水平ではなく、長い頸から続く斜めの滑り台になっている。頸が短かったら、ネコのような肉食動物ならよいが、植物食のキリンは困るはずだ。つまり、キリンは、地面の草を食べるのをあきらめ、高い木の葉を食べることに専念したのだ。その結果、水を飲むときは、ライオンに襲われる危険性を感じながら、不器用そうに前脚を折ったり拡げたりしている。では、どうしてそのような変化をしたのだろう。

アフリカの森に住むオカピは、キリンの祖先と似た動物と考えられ、ウマの脚を伸ばしたような体型で、脚に比べると頸がやや短く、主に木の葉を食べる。つまり、基本的にウマと同じ適応をしていた動物が、前後の脚を伸ばして顔（食べるために口）の位置を高めるという若干の改良をした。キリンはさらに、前後の脚を伸ばしただけでなく、前脚の構造を変えるという変革をし

図1-27　キリンの頸は短い
前脚に比べて頸が短いために水を飲むときに苦労する
(Struggle for Survival in the Bush, Obris Publishing , London. F.R. de la Fuente)

て顔の位置を高めたのだろう。

　では、なぜ頸と顔を長くしないでそんな面倒くさいことをしたのか。じつは、キリンの顔はすでにウマと同じかそれ以上に長くなっていて、咀嚼機能を健全に保つためには、それ以上は長くなれなかったのだ。

　頸を長くすることは、頸椎の数（哺乳類はすべて7個）を増やさなくとも、構造的には可能かもしれない。しかし、頸をいま以上に長くすると、心臓から脳へ血液を送るために血圧をより高めなくてはならないのが問題だ。ただでさえキリンの血圧は300㎜Hgもあり、頭を下げるとそれだけで脳出血を起こす可能性があるのだ。それを防ぐために、脳底部に「怪網」という細い血管があって、血圧を調整しているくらいなのである。

　もう一つには、頸が長くなりすぎると、呼吸のためにはデッドスペースである気管の内腔容積が増え、呼吸効率が落ちるので好ましくないという理由もあった。

そこで、ウマなどでは水平に近い位置に据えられている上腕骨を縦にして、肩関節の位置を高め、さらに肩甲骨を長く伸ばすことで胸郭の位置を高め、頸の付け根の位置を高めた（図1－27）。また、その結果、背中（脊柱）が斜めになったので、胸（脊柱胸部）から頸（脊柱頸部）への移行が直線的になり、つまり滑り台のようになって、顔の位置がさらに高くなったのだ。

なお、キリンの頸が長いことは、ラマルク的な「用不用説」や「獲得形質の遺伝」の説明の際に誤解されて引用されたが、現在では、ダーウィン的な変異と選択による適応の結果として矛盾なく説明される。つまり、キリンの祖先で頸の長さに変異のある個体群が、低い木の葉は少なく高い木の葉が多い環境に遭遇すると、頸の長い個体が生き延びて繁殖するので、徐々に頸の長い個体が増え、キリンに進化したということだ。

ちなみに、草原で野火があると、高いところにあって焼け残ったアカシアの葉を食べられるのは、キリンとゾウしかいない。

ゾウの鼻はなぜ長くなったのか

ゾウの鼻が長いのは、もちろん餌をとるためである。では、なぜほかの動物のように口で餌を

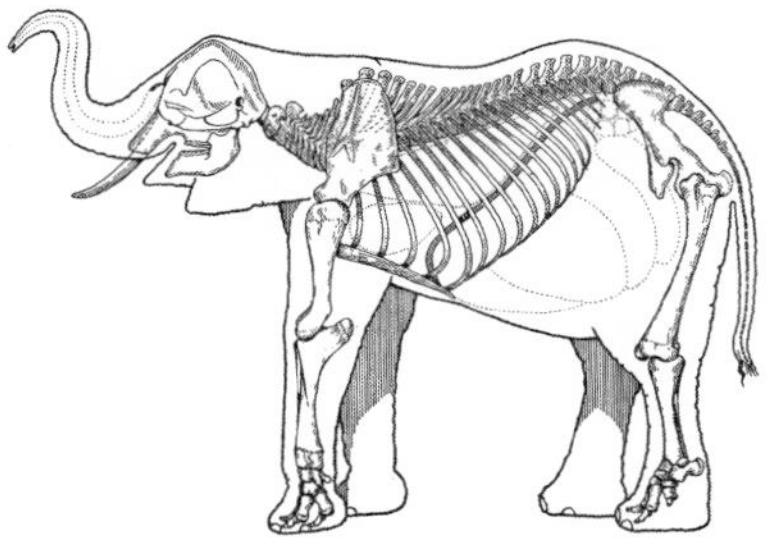

図1-28　ゾウの骨格
5回も生え替わる歯を支えるため顔が巨大化し、重い顔を動かす代わりに鼻が長くなった
（Traité de Zoologie. XVII-1）

とらないのだろうか。それは、顔が非常に大きいので、餌のそばに顔を近づけるのが困難だからだ。ではなぜ、そんなに顔が大きいのか。「母さんも大きいのよ」では答えにならない。

ゾウは身体が大きいので、軟らかい葉や草を食べるだけでは足りず、木の枝や髄まで大量に食べる。そのため、歯と顎に特別の工夫をした。まず、長い寿命の間に歯が磨り減っても大丈夫なように、臼歯一つを登山靴くらいに大きくして、顎の上下左右に一つずつ生えるようにした。それが磨り減ってしまったら、前にも述べたように次の臼歯が斜め後ろから生えてきて、都合5回も生え替わる。乳歯と永久歯の臼歯が合計6本も前から順に一つずつ生えてくる「水平交換」である。

こうして一生のうちに1m以上も磨り減ることになる歯（現代人では1㎜も減らない）を支えるために、顎の骨と咀嚼筋が巨大になった。まるでゴミ処理場にある何でも粉砕してしまう機械のようだ。だから、ゾウの頭の重さは200kg以上もある。

さて、顔が大きく重くても、カバやサイのように脚が短くて草だけを食べるなら、問題はない。胴体の前に顔をつけるだけでよい。しかし、ゾウは長距離を歩くために脚がきわめて長く、肩の高さは３ｍ以上もある。しかも、木の葉や枝だけでなく地面の草も食べたい。

ゾウにとって、２００kgもある頭と顔を３ｍもある長い頸で支えて、上げたり下ろしたりするのがいかに大変かは想像に難くない。それを解決する名案が、頸を極端に短くして、巨大な咀嚼器官の顔を胴体の前につけ、その代わり鼻と上唇を合体して伸ばして、高い木の葉にも地面の草にも届かせる方法だったのだ。だから、もしゾウが鼻を失ったら、餌をとることができず死んでしまう。

そもそも、ゾウが最も好きな食べ物は甘く栄養豊かな果物なのだが、たくさんの果物が採れるところはめったにないので、栄養価の低い葉や草、あるいは枝や木の髄までを大量に食べ、腸内細菌がセルロースを分解し、細菌によってつくりだされたタンパク質を吸収している。それを可能にしているのが、巨大な顔と長い鼻なのだ。

しかしゾウは、ウシなどに比べると半分しかセルロースを消化できないので、前述したように糞が乾くと、クリスマスのリースをまとめたように小枝や木片がたくさん現れることがある。タンザニアのラエトリ遺跡で発掘中に、そのような糞を投げ合って遊んでいた大学院生が、３５０万年前のアファール猿人の足跡化石を発見したことは、人類学研究者の間では有名な話だ。

草食恐竜の顔は腹の中

巨大な恐竜のなかでも、ティラノサウルスのような肉食恐竜の顔は大きく、鋭い歯が並んでいるが、アパトサウルスやブラキオサウルスのような草食恐竜の顔は極端に小さく、歯も少ししか生えていない。そんな小さな顔で、ゾウより大きな身体を養うだけの食物をどうやって咀嚼していたのだろうか。

じつは草食恐竜には、食道と胃の間に「前胃」という袋があり、そこに葉や草を溜め込んで軟らかくしている。本物の胃は「筋胃」と呼ばれ、分厚い筋肉組織があり、中には呑み込んだ数個の石（胃石という）が入っている。鳥の砂嚢と同じだ。その筋肉の収縮によって、食物を能率的に砕くことができる。つまり、ゾウのような巨大な顔を、腹の中に収めてしまったようなものなのだ（図1-29）。草食恐竜の細長い頸と小さな顔は、全体としてゾウの鼻の役割をしているともいえる。脳は非常に小さいので、重さの点で問題にならない。

恐竜の子孫であるダチョウは、顔が非常に小さく、頸が細長いので、ゾウの鼻と同じというイメージが湧くだろう。ダチョウは体重が100〜160kgもあり、時速70kmで走るが、それを支えるだけの餌を咀嚼するのは砂嚢である。だから動物園のダチョウは、石が見つからないとボルトや時計などを呑み込むことがある。ちなみに、焼き鳥の砂肝が砂嚢であり、強力な筋肉（平滑筋）なので、噛み応えがある。脂肪もなく良質のタンパク質だ。

ところで、キリンで問題となった、頸が長いゆえの高血圧は、頸の長い恐竜では問題なかったのだろうか。おそらく、脳が小さいので（脊髄の腰膨大部のほうが大きいくらい）影響が少なかったのだろう。あるいは、キリンに比べるとはるかに長い年月をかけて進化したので、対応策を発明したのだろう。たとえば、鳥類と同様の気嚢システムが長い頸にも広がっていて、呼吸を能率的にすると同時に血圧を調整したのかもしれない。

ちなみに、ブラキオサウルスの仲間は、前脚と頸が非常に長く、背中が傾斜し、キリンと相似形をしているので、最近発見されたある恐竜はギラッファティタン（Giraffatitan：巨大キリン）と名づけられた。

図1-29　ブラキオサウルスの骨格
小さな顔と細長い頸はゾウの鼻の役割をして、腹の中の「顔」が食物を噛み砕く
(Brusatte,Scott Hartman)

ヒトの顔は何に似ているか

さまざまな動物の顔の中で、ヒトの顔とよく似ているのは何だろうか。私が思うに、その答えはゾウだ。

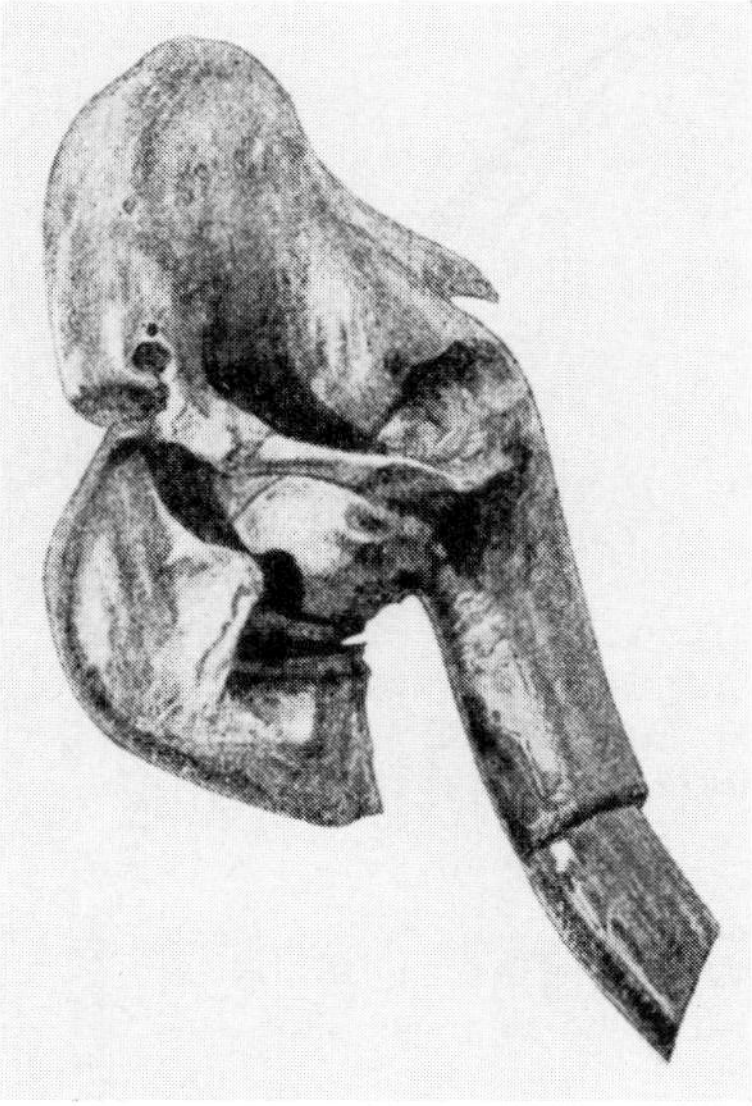

図1-30　ヒトの顔はゾウに似ている
ゾウは口が出っ張っていない
(Traité de Zoologie XVII-1)

長い牙、太い鼻、大きな耳介を取ってしまうと、意外にもヒトそっくりとなる（図1－30）。

どちらの顔も口が出っ張らないのは、鼻や手で餌をつかんで口に入れるので、口から積極的に餌に近づく必要がないからだ。ゾウの歯は臼歯が1個ずつしか生えないので、奥行きが短く、それもヒトの顔と似ている理由である。下顎骨にはヒトのオトガイに相当する出っ張りがあるくらいだ。

ゾウの額は大きく膨らみ、巨大な脳が入っているようにも見える。ヒンズー教では知恵の神様とされるのもわかる。ただし、巨大な前頭部は長い牙を支えるための構造であり、コンクリートブロックのように中空である。脳は頸の近くに納まっている。

数百万年前のマストドンゾウは、脚が短く、口が出っ張っていて、鼻も牙も短かった。ヒトの祖先の猿人も口が出っ張っていた。ゾウもヒトも、草原に適応する過程で脚が長くなった（図1－31）。とくにコロンビアマンモスや新人では最終的に顔の奥行きが短くなり、顔の高さが目立つようになった。やはり、似ている。

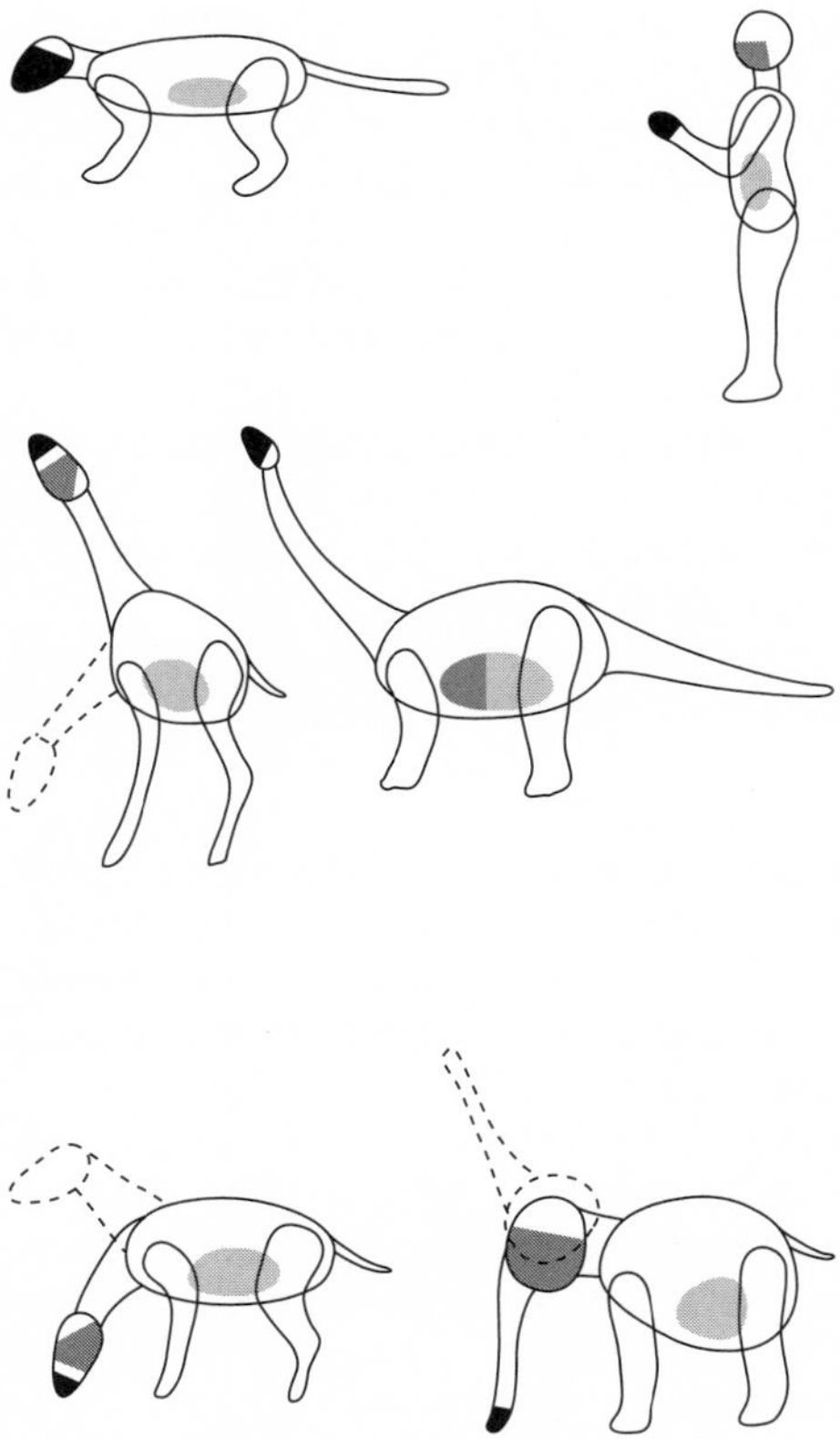

図1-31　動物の身体の構造と食事の関係
黒：餌をとらえるところ
濃いグレー：餌を噛み砕くところ
薄いグレー：餌を消化するところ
身体の構造はどのように餌をとり、咀嚼し、消化するかによって決まってくる

昆虫の顔

昆虫の頭部は、体の前後に連なる分節構造の6個ほどがまとまって形成されたらしい。12個の分節からなる哺乳類の頭部よりかなり単純だが、口が先端にあり近くに2つ眼があるので、顔らしく見える。アゴは左右対称に一つずつ、あるいはそれ以上あって、上下にある脊椎動物の顎とは本質的に違う。幼虫はアゴで餌を食いちぎるが、多くの昆虫は成虫になるとアゴを捨て、蜜や血液を吸う。クワガタムシはアゴを巨大な武器にしておとなしく樹液を吸っている。だがカマキリやトンボ、ハンミョウなど、餌を捕まえて勇ましく食いちぎる昔気質のハンターもいて、彼らの頸は細く、顔がよく動く。カブトムシやクワガタムシの頸が太く、顔があまり動かないのは、樹液を吸う前の肉弾戦に勝利するためだろう。

眼は数百から2万個の個眼が集まった複眼で、解像力は低いが、四方を見渡して速く動く物体を見つけられる。小さな単眼を備えることがあり、飛行の安定にも役立つ。鼻と耳は顔にはなく、匂いは触角で感知する。聴覚は発達していて、コオロギやスズムシの耳は肢にある。

昆虫は外骨格なので皮膚も眼も動かず、表情はよくわからない。アゴや触角の動きから緊張や攻撃の可能性を読みとることはできるが、失敗すると刺されて痛い。

魚類の顔

魚の顔は頭と区別しがたく、全体が骨で覆われている。口の上下に顎の骨を備え、歯が生えていて、餌を捕らえて呑み込む。エビを食うタイの歯は鋭く、小魚を丸呑みするマグロやサバの歯は小さい。底生動物を食うコイは咽に丸い歯（咽頭歯）が生えている。

多くの魚は視覚で餌を探すため眼が大きく、口がはっきりしなくとも顔として認識しやすい。眼球を動かせるが、瞼がないので眼をつぶることはできない。我々のような鼻はないが、よく見ると口と眼の間に左右とも、前後二つの孔がある。前外鼻孔から入った水が後外鼻孔に抜け、途中の嗅嚢で匂いを感じている。舌や顔の皮膚には味蕾があり、味を感じて餌を選別している。耳は体表にはなく、水中の振動が骨を介して内耳に伝わる。

魚の身体つきや顔立ちは、泳ぐときの水の抵抗によって異なってくる。高速で泳ぐマグロやホオジロザメは、体全体が紡錘流線型で、顔は尖っている。ゆっくり泳ぐフグやハゼは、顔が丸い。横になって海底にへばりつくヒラメとカレイは、左右方向に扁平で、表側は灰褐色だが裏側は白い。「左ヒラメに右カレイ」のとおりヒラメは左に、カレイは右に両目とも寄っていて、ひょっとこ顔だ。泳ぐ魚を捕らえるヒラメは筋肉が発達しているので噛み応えのある刺身にされ、底生動物を食うカレイは筋肉が軟らかく煮つけにされる。

両生類と爬虫類の顔

カエルやサンショウウオのような両生類と、トカゲやヘビあるいはワニのような爬虫類は、水から出て歩くために四肢が発達した。顔の装甲版にくっついていた胸鰭が前肢となって顔から独立し、顔が胴体から分離して自由に動くようになった。感覚器は空中の情報を収集するため変化を迫られた。顔を横から見ると前から後ろに向かって、下半分に大きな口が広がり、上半分に鼻、眼、耳が並ぶという四肢動物の顔の基本パターンが成立した。鼻が先端なのはよりよく餌を探すため、耳が後端なのは顎の関節との関係が深いからだ。

眼は哺乳類と似ていて、瞳孔の形が昼行性では丸く、夜行性では縦長のスリット状である。耳は空気の振動を捕らえるために改良され、多くの場合、中耳が形成され、鼓膜が皮膚に露出している。嗅覚は優れていて、とくにヘビやオオトカゲの仲間は舌に匂い分子を吸着させてヤコブソン器官で分析するという得意技を開発した。両生類や爬虫類の多くは尖った歯で獲物を捕らえるか食いちぎるが、哺乳類のように噛みつぶすことはできない。鼻腔と口腔を隔てる口蓋がないので、ゆっくり噛んでいると窒息するからだ。

鳥類の顔

恐竜から進化した鳥の顔が恐竜に似ていないのは、飛ぶために大きな変化が起きたからだ。体を軽くするために歯がなくなり、嘴が発達した。空の上から餌を探すために視覚が高度に発達した。恐竜の時代に発達しはじめた羽毛は顔全体を覆い、さまざまな色や模様で情報を発している。

ダーウィンがガラパゴスでフィンチを見て気づいたように、嘴は餌の形状に応じて異なる。硬い種を割るインコは短く頑丈で、樹皮の隙間の虫を捕らえるウグイスは細長い。泥の中の餌を探すヘラサギはシャモジのようで、小魚をしゃくいとるペリカンはクジラのように巨大な嘴を持つ。フクロウやタカなどの猛禽類の曲がった嘴は肉を食いちぎるためだ。身近で恐ろしいのはカラスで、嘴の縁がきわめて鋭く、ゴミ袋だけでなく死体から目玉までくりぬいてしまう。なお鳥類には歯はなく、丸呑みした餌を「筋胃」で砕いて消化する。焼き鳥の「砂肝」だ。

一般に眼は大きく、羽毛に覆われた顔の中でよく目立つ。しかし実際はさらに大きく、ハトの眼は見かけの直径は 6mm ほどだが、眼球は直径 15mm もあり、自分の脳よりはるかに大きい。眼球を動かすことはできず、頭全体をちょこちょこ動かして細切れ画像を脳内で合成している。一般には眼は側方にあり両眼視はできないが、猛禽類は眼が前にあり、両眼で距離を計っている。だから、一般的には鳥の顔は横顔で認識されるが、猛禽類は正面顔で認識されることが多い。1km 以上離れたウサギを認識するイヌワシは単位面積当たりの視細胞の数がヒトの数倍以上ある。一般に色覚も、果物の熟れ具合を知るため優れている。

哺乳類の顔

爬虫類の顔から大枠を受け継ぎながら、ウマは馬面、ネコは丸顔など、採食と移動の様式によりさまざまに発達した。機能的にはさらに、大変革を遂げた。まず、口腔の内部では鼻腔との間に口蓋が形成され、外部では筋肉を備えた軟らかい頬が形成された。こうして、赤ん坊は息をしながら母乳を飲めるようになった。次に、爬虫類ではすべて尖っていた同形歯が、切歯・犬歯・臼歯に分化した異形歯となって食物を消化しやすくなり、エネルギー生産効率が向上し、活発な行動や寒冷環境で棲むことが可能になった。

眼は多くの哺乳類が、色覚より白黒の感度を優先している。オオカミやシカにとって暗夜にどれくらい見えるかは命にかかわるからだ。色覚が発達するのは主に昼間に行動する霊長類からである。瞼は下瞼が開閉する爬虫類や鳥類とは逆に、上瞼が開閉する。嗅覚もよく発達し、とくにイヌの鼻はヒトの百倍以上も鋭く、眼より多くの情報を収集している。だからイヌを飼いはじめるときは尻を向けて匂いを嗅がせるとよい。聴覚は、大きな外耳で音を集め、3個の耳小骨で鼓膜の振動を効率よく内耳に伝えるのでとくに優れている。味覚も食物を吟味してゆっくり咀嚼するために発達した。鼻面などに生えている「ヒゲ」は暗闇で行動する際に周りを探知するための触覚毛なので、ペットのトリミングでも切ってはいけない。

霊長類の顔

原始的な霊長類は夜行性で雑食だったので、顔はネズミに似ていた。ただし歯は、切歯のみが発達したネズミとは違い犬歯や臼歯も均等に発達し、歯の咬頭は尖っていた。捕まえた餌を噛み砕くメガネザルのような小型のサルではその形が維持され、昼に行動して草や葉をみじん切りにするニホンザルのような中型のサルでは臼歯に鋭い稜線ができた。固い木の実を磨りつぶす類人猿では臼歯が頑丈になり、咬頭が丸くなった。

霊長類の顔と一般哺乳類の顔の最大の違いは、いわゆる高等なサルほど皮膚の露出が進むことだ。原始的なキツネザルの顔は鼻面が長く鼻鏡があり、全体が毛に覆われていてまさにキツネのようだが、ニホンザルの顔は上半分の皮膚が露出している。類人猿になると顔の皮膚の大部分が露出し、顔色の変化などで微妙な喜怒哀楽の違いを表している。露出の程度が、表情によるコミュニケーションの発達程度や社会性がわかる。

感覚器では、夜行性で地上にいたときは忍び寄る捕食者の匂いを嗅ぎ分けるため嗅覚が鋭敏で、視覚は弱かったが、昼間に樹上で行動するようになると視覚が発達し、嗅覚は退化した。視覚では一般哺乳類のような解像度の高さではなく、熟れかけた果物を探すための色覚と、枝を跳び移るときに距離を測る両眼視が発達した。聴覚は嗅覚と同様にかなり退化し、外耳は小さく丸まった。

第2章

顔の人類学

2-1 ヒトの顔は変な顔か

私たちがいつも見慣れている私たちヒトの顔は、ほかの動物たちにとっては、ずいぶん奇妙なものかもしれない。たとえばイヌから見ると、こんなふうに感じられるのではないか。

顔が胴体の真上に載っていて、全体にのっぺりと平らで毛がない。頭だけが異様に盛り上がっていてやたらに長い毛があり、あるいは毛がなくてもテカテカ光っていたりして目立っている。だが鼻面（鼻鏡）はどこにあるかもわからず、下を向いた二つの孔で呼吸をしているのはいかにも息苦しそうだ。耳もとても小さく、毛が生えていない。しかも、まったく耳を動かさないので、どんな気持ちでいるのかがわからない。

よく見ると、顔の上部は眼の上にだけ毛がある。顔の下部に毛があるのもいるが、ヒゲ（洞毛）はない。皮膚はあちこちが感情に応じて奇妙に動き、せわしない。そうかと思えば、感情を隠すために、皮膚がこわばっていることもある。

そもそも眼が前を向き、横に切れ長で、白眼がむき出しになっているのは気持ちが悪い。かわいそうに口が引っ込んでいて小さいので、餌を食べにくそうだし、身を守る犬歯も小さい。そのくせ、唇を真っ赤に塗ってやたらと目立たせている個体もいる。しかも、生殖器官が隠されているからか、あるいは発情期が限定されていないためか、年がら年中、異性の顔を見るだけで色気を感じて興奮しているのは、じつにはしたない――。

おそらく、言葉が話せればこのようにさんざんに言われるはずだ。ではヒトの名誉のために、なぜ私たちはこんな顔なのか、イヌにもわかるように具体的に説明してみよう。

動物の顔は「2階建て」の「三軒長屋」

まず、あらためて一般の陸上脊椎動物について見れば、その顔は胴体よりもずいぶん前にある。たとえばイヌの顔の部品は前から後ろに並んでいて、鼻（鼻鏡）と口がほぼ同じでいちばん前、続いて眼、額、耳と連なっている。頬はあるが、ほとんど目立たない。

じつはこうした動物の顔の内部構造をよく見ると、いちばん下に口（口腔）が前後に連なっていて、その上に鼻、眼、額が前から順に載っていることがわかる。耳は額より後ろだが、内部構造としては小さく、目立たない。

この配置を香原志勢は「2階建て」と表現したが、私はさらに、1階はレストランで2階に居室が三つ並んでいる「2階建て三軒長屋」と呼びたい（耳も加えるなら四軒長屋になる＝図2－

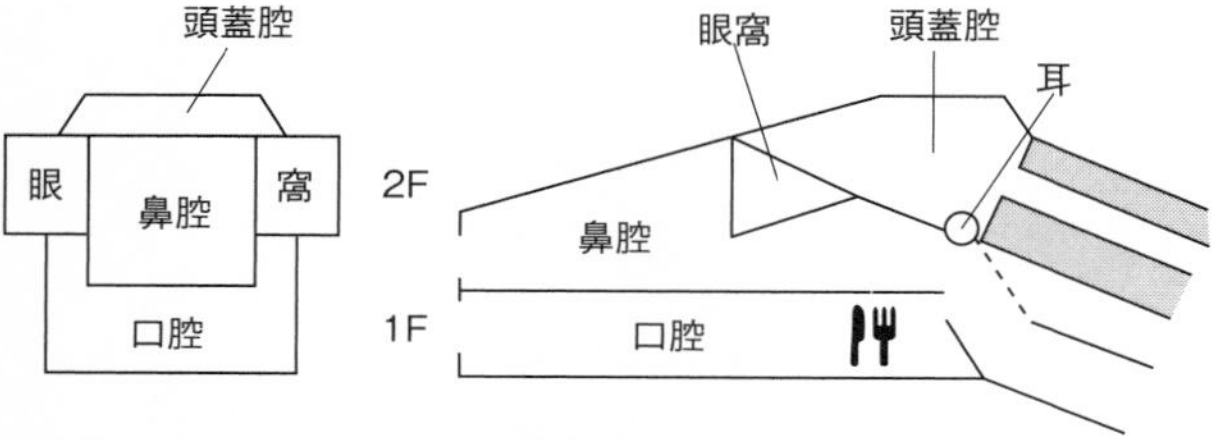

図2-1　一般の陸上脊椎動物の顔の「間取り」
1階はレストラン（口腔）、2階に居室が3つ（鼻腔、眼窩、頭蓋腔）並ぶ2階建て三軒長屋

1）。

2階部分の前端に当たる外鼻（鼻鏡）は、匂いを嗅ぐために口より伸び出して、ベランダになっている。その極端な例は、イノシシやバクやゾウである。

ヒトの顔は「4階建て」

では、ヒトの顔の構造はどうなっているのだろうか。

ヒトの顔は下から、口、鼻、眼、額が重なっている。香原志勢はこれを「4階建て」の建物にたとえた。もっとも鼻は、2階にあるだけでなく3階の眼の間にも続いていて、いわば「吹き抜け」になっている。

これらの関係は、生身の顔を見ているだけではわかりにくいが、骨で見ると、口腔、鼻腔、眼窩、頭蓋腔という腔所が、4階建てに配置されているのが明瞭にわかる（図2－2）。

なお、2階部分の左右には、中央の鼻腔から続く「上顎洞」という腔所（副鼻腔）があり、その上に3階の眼窩が位置して

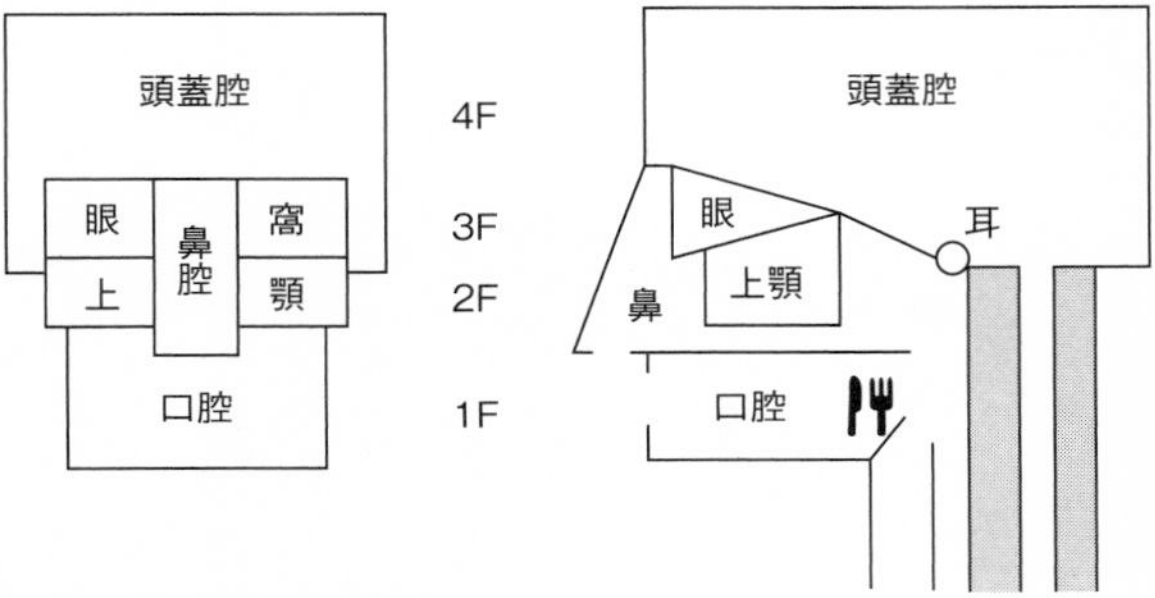

図2-2　ヒトの顔の「間取り」
下から口、鼻、眼、額が重なる４階建て（「上顎」は上顎洞）

いる。つまり2階部分は、鼻腔の下半分と、左右の上顎洞とに分かれている。また、構造としては小さい耳は、2階と3階の中間で、左右に分かれて後方に位置し、1階から続く咽頭に密接している。中耳からの耳管が咽頭とつながっているのだ。

人類の顔は進化の過程で起こった咀嚼器官の退縮と、脳の拡大によって、2階建て三軒長屋から4階建てに少しずつ変化してきたといえる。数百万年前の猿人はチンパンジーとほとんど変わらない2階建て三軒長屋に近かったが、百万年前の原人は4階建てに近くなっている。

そして現代ヨーロッパ人の多く、あるいは最近の日本の若者も多くは、下顎骨が下方に延びることによって顔が長くなり、4階建ての1階と2階の天井が高くなっている。それは、成長ホルモンによる下顎体の成長方向が、普通の動物のように歯列咬合面の方向と平行に前に向かうのではなく、下顎枝に沿って斜め下方になってしまったからである。

これもまた香原だが、彼は類人猿の頭骨のヒトとの違いを、顔の「工場」と脳の「住宅」が段違いの土地に建っているさまにたとえた。人類進化にともなって、崖上の高地に建つ住宅（脳）が拡大し、崖下の低地に建つ工場（顔）の真上に載るようになったというのである。

なお、ゾウは鼻で餌を採取するので、口が前方に突出せず、ヒトに近い上下配置になっている。それは、臼歯が上下左右で1個ずつしか生えないことで（生え替わる途中では2個ずつになることもあるが）、顎の前後径を短くしていることも影響している。

2-2 皮膚と毛の不思議

「余白」としての皮膚

ヒトの顔には、よく目立つ「部品」と、それらをつなぐ土台となっている「余白」がある。部品が大きいと派手で目立つ顔になり、余白が大きいと地味でのっぺりした印象になる。部品は主役のようだが、余白がないと顔としてなりたたない（やはり香原の指摘）。

普通の哺乳類の皮膚は、傷ついたり、紫外線に晒されたりしないように、あるいは体温を保持するために、毛に覆われている。しかしヒトの皮膚は、毛がほとんどなく、露出している。これはゾウのような皮膚の厚い大型動物や、ハダカデバネズミのような地下穴居性動物、あるいはイルカのような水生動物以外にはありえない状態だ。イヌに気味悪がられてもしかたない。

ヒトの場合は、暑い昼間に行動するようになり、エクリン腺（図２－３）から出る汗をかいて蒸発させ、体温を下げるために、体毛の大部分を失ったと解釈されている（なおエクリン腺で汗

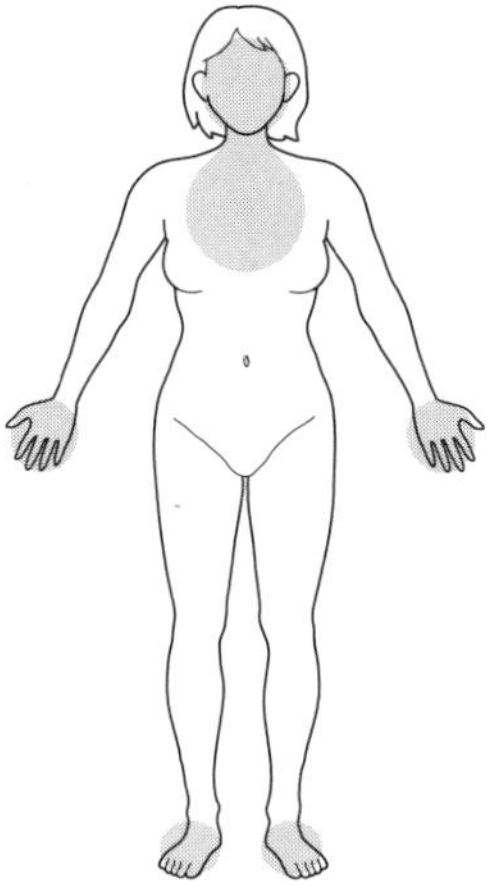

図2-3　ヒトの身体でエクリン腺が多い部分

をかくのは霊長類の特徴だが、ヒト以外ではほとんど機能していない）。
ただし、無毛症でないかぎり、細い毛は体中に生えている。そして、本来は毛根に開口している皮脂腺も、顔中に分布している。とくに鼻には皮脂腺が多く、炎症を起こして膨れて垂れ下がってくると、芥川龍之介の『鼻』になる。

しかし、密な体毛がないのに強い紫外線を浴びると、皮膚細胞のＤＮＡが傷ついてしまう。それを防ぐための方法が、メラニン色素を沈着させて、肌の色を濃くすることであり、実際に日射しの強い赤道近くの人々はそうである。じつはチンパンジーも、子どものうちは顔の皮膚の色が薄いが、大人になると濃くなる（なおチンパンジーのように子どもが大人と違う特徴を一時的に持つのは、大人から攻撃されないため、あるいは大人から可愛がってもらうためのサインであると解釈されている）。

赤道から離れた地域では肌の色が薄い人々がいるが、それは、できるだけ紫外線を吸収することによって、皮膚の中でビタミンＤを合成し、腸でカルシウムの吸収を促し、骨の生成を高めるためと考えられる。とくに子どもでは、カルシウムが不足すると骨が成長できず、くる病になり、重症の場合は命にかかわるからだ。

顔の話からはそれるが、手のひらと足の裏にメラニン色素の沈着が少ないのは、それらはあまり日焼けしないということにもよるが、ほかの皮膚とは構造が違うことにもよる。まず、表皮がきわめて厚いので、真皮にまで到達する紫外線が少ない。さらに、メラニン色素をつくる細胞が少なく、活性が低いらしいのだが、どうしてそうなのかはわからない。なお、チンパンジーやゴリラの手のひらや足の裏は黒いことが多いのに、なぜヒトはそうではないのかもわかっていない。さらに脱線するが、風呂やプールで手のひらの皮がしわしわになるのは、厚い表皮の中にある多量のコラーゲンが水分を吸ってゲル状になるからである。

ヒトの顔は表皮が薄く、しかも毛がなくて露出している。だから、機械的・化学的な刺激によって傷《いた》みやすい（そのため医学的には、顔をごしごし擦るな、厚化粧はするなといわれる）。日焼けの影響も加わると、ほかの皮膚より老化が早まり、シワやシミが目立つことになる。もっと「面の皮」が厚ければ老化現象も穏やかだろうと、鏡に映ったシミだらけの顔を見ながら思う。

そもそも皮膚の厚さが全身で違うことは、解剖するとよくわかる。手のひらや足の裏が厚いのは当然だが、肩から背中、そして尻が厚く、顔から頸、そして胸と腹は薄い。腕や脚は中間である。実は、圧倒的に厚いのは頭なのだ。それは、内側に硬い骨があるので、弱い打撃でも皮膚が裂けてしまうからだ。ということは、何かに接触する、あるいはさまざまな刺激を受ける部分ほど厚いことは明白である。

つまり、感覚器の集中する顔は、意図するにせよしないにせよ強い刺激を受けることが少ないから、表皮が薄いといえる。誰でも、もろもろの不愉快なあるいは有害な刺激をいちばん受けたくないのは顔だろう。

毛細血管が豊富で表皮が薄い顔は、身体のほかの部分に比べて、内外の環境変化によって皮膚の状態が一時的に変わりやすい。気温や心理状態の変化により血流が変化すると、顔色が変わるのがよく目立つ。寒いときや、緊張して交感神経が優位なときは毛細血管が細くなり、顔色が青ざめる。暑いときや、のんびりして副交感神経が優位なときは毛細血管が太くなり、顔色が赤くなる。酒を飲むとアルコールの分解産物であるアセトアルデヒドが血管を広げて顔が赤くなるが、やがて醒めると、生理的にも心理的にも青ざめることになる。

顔の皮膚が露出しているのは、微妙な表情を演出する舞台として有効である。つまり、社会的な関係の調整に必要なのだ。それは高等霊長類でも同じである。ニホンザルやマンドリルなどのサルも、顔の表皮が薄い。だから顔の彩りが豊かで、コミュニケーションに重要な役割を果たしている。とくに繁殖期には、顔の色彩でオスの存在感や優位性をアピールしている。そのためには表皮が厚いと困るのだろう。もしもヒトの祖先にも同じような特徴と働きがあったら、顔の皮がなぜ薄くなったかを説明するヒントになるかもしれない。

耳の外から見える部分を耳介というが、ヒトの耳介は小さく丸まって、毛がなく露出している。これも、霊長類の特徴として聴覚が退化したことのほかに、高等霊長類において顔の皮膚が露出し、細やかな表情を表現するようになったことにも関連しているのだろう。恋をしたり恥をかいたりして赤面すると、耳まで赤くなるのもそのためだろう。

眉毛は汗よけ、睫毛は埃よけ

次は、ヒトの顔の毛について、イヌの疑問に答えていこう。

顔全体から毛がなくなったにもかかわらず、ヒトの眼の上には毛、すなわち眉毛が残っているのは、汗が眼に入らないようにするため、という解釈がなされている。ヒトの中でもとくにホモ・サピエンスは、眉の部分の眼窩上隆起が退化して、額が垂直になっているので、それは納得できる（図2－4）。実際に、シリアやエジプトなどの暑く乾燥した砂漠で発掘作業をしていると、塩分が濃縮した汗が眼に流れ込んできて痛い目にあう。チンパンジーもやはり、顔の皮膚が露出しているが、眉毛はない（数本だけ生えていることはあるが）。それについては、チンパンジーは額が強く傾いているので汗が横に流れるから、あるいは眼窩上隆起で汗がせきとめられるから、さらには脳が小さいので汗で冷却する必要がないから、などと、やや強引な意味づけがな

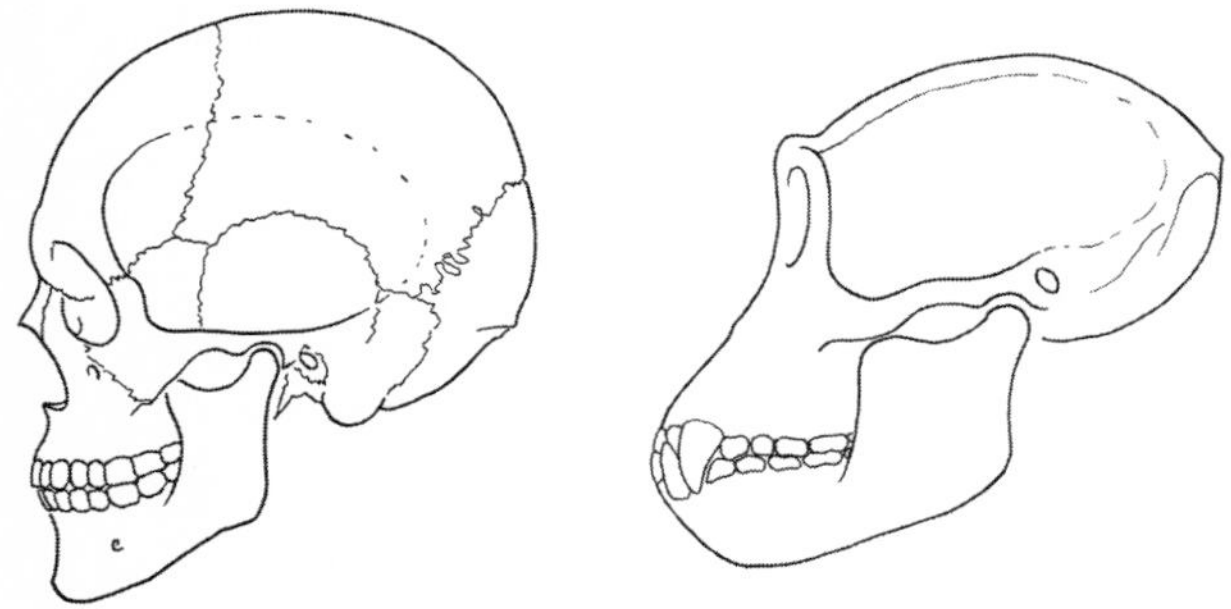

図2-4　ヒトとチンパンジーの頭骨の比較
右：チンパンジーは額が強く傾き眼窩上隆起が大きい
左：ヒトは眼窩上隆起が退化している

されている。

なお、ヨーロッパ人の人類学者には、眉が日差しをさえぎる庇《ひさし》の役割をしていると考えている人もいるが、そもそもヨーロッパ人は眼が引っ込んでいるので庇が必要とは思われないし、アジア人は顔が平坦で、眉が上方にあるので、庇としての役割は期待できない。ただしアジア人の瞼は、皮下脂肪が厚くて一重という特徴があるので、眼を少し細めると庇になり、日差しを遮ることができる。

眉は顔の中では目立つので、上げたりしかめたりすることで表情を演出するという重要な役割も持っている。女性の多くがわざわざ眉を抜いて、黛で描いているのは、生理的機能を無視し、美容効果に執着するからだろう。それは平安時代から行われていて、『枕草子』でも毛抜きで眉毛を抜いているし、『源氏物語絵巻』でも額の高い位置に眉が描かれている（図２－５）。

眼の周辺で残っている毛にはほかに、睫毛《まつげ》がある。睫毛は瞼の縁に生えているので、埃やゴミをよけるためであることは明らかである。したがって動物でも、砂漠に暮らすラクダは長く密な睫毛を持っている。風が強く埃が多いときは、眼を細めて、睫毛のスリットの間から外界を見るのだろう（ただしラクダの場合は日射しをさえぎる役割もあるといわれる）。したがって、ヒトでも当然、眼瞼裂が大きい人ほど睫毛が多く、長くなる。最近では人工的に睫毛を伸ばす美容がはやっているようだが、小さな細い眼にやっても、少なくとも生理学的な意味はない。

図2-5　源氏物語絵巻（東屋一）

髭と頭髪はなぜ生えるのか

ところでヒトの男性は中年以降になると、身体はたいして太らなくとも、顔だけは皮下脂肪がたまって大きくなる傾向がある。ひと昔前なら貫禄があってよいと好まれただろうが、最近の女性には暑苦しいと嫌われがちかもしれない。しかし顔が大きいと迫力はあるので、優位性を示すためには有効である可能性がある。つまり、ある意味でこれも第二次性徴（もしくは第三次？）といえるのではないか。動物の社会では、そのような効果が明確に存在する。たとえばオランウータンは広い縄張りの中で第1位のオスだけが、男性ホルモンの分泌に助けられて頬に巨大なヒダを発達させる。そんなオスは、メスにアプローチするにも有利である。そのオスの影響下にある第2位以下のオスは、ストレスを感じて男性ホルモンが充分に分泌されず、ヒダが発達しない。いわばメス的な状態になってしまうのだ。しかし第1位のオスがいなくなれば、第2位のオスに男性ホルモンが分泌されるようになり、ヒダが発達する。

同様なことは、ゴリラでもみられる。オスが成長すると背中の毛が白くなって優位性を示す（「シルバーバック」と呼ばれる）。また、ライオンも壮年期になるとタテガミが生え、優位性を表現するようになる。

ヒトの男性の場合は、成熟すると顔の下半部に「髭《ひげ》」と呼ばれる毛が生えてくるという特徴がある。好むか好まざるかは別にして、これは第二次性徴であり、性的魅力のひとつと考えられている。とくに中近東のアラブ諸国では、髭を生やすことが成人男子の証と見なされることがある。髭を生やさないと女性と見なされることもあるという。私の行きつけの理髪店の店主によると、中近東の男性の髭はものすごく濃く、一人を剃っただけでカミソリの刃を研ぎなおすか交換する必要があるとのこと。髭の濃い人々はそれだけ「男性性」を生物学的に強く表出していることになるわけだ。あるいはそのぶん、精神的にもマッチョである覚悟が必要なのだろうか。逆に、髭を剃ることは、頑張らずに気楽に生きることなのかもしれない。

そもそも、なぜヒトは体毛が少ないのに、頭髪だけが長いのだろうか。この問いに対して、実はまだ明確な答えはない。一般には、大事な脳が入っている頭を守るためとか、日差しをさえぎるため、あるいは、とくに毛が縮れている場合は、適量の汗を溜めるのに好都合で、その汗を徐々に蒸発させることで頭を冷やしている、ともいわれている。

また、たとえば日本を含む北東アジア人には剛直毛の人が多いのだが、なぜそうなのかもわかっていない。しかし最近、北東アジア人に多い「剛直毛」と「シャベル型切歯」という二つの特徴は、同じ一つの遺伝子（２番染色体に存在する「ＥＤＡＲ」）によって司られているということがわかっている。毛も歯も、皮膚と同じ外胚葉から由来しているので、うなずける。

2-3 眼は口ほどにものを言うか

生物学的に見て、眼は情報収集器官としても情報発信器官としても、特別の扱いをされている。第1章でもみたように脊椎動物の眼は、ほかの感覚器官のように独立した刺激を受容する神経細胞があるのではなく、眼球の網膜に脳の神経細胞が出張してきて分布している（図1－12参照）。それは、目覚めているかぎりはつねに、眼が外界から大量の情報をリアルタイムで収集できるようにするためである。

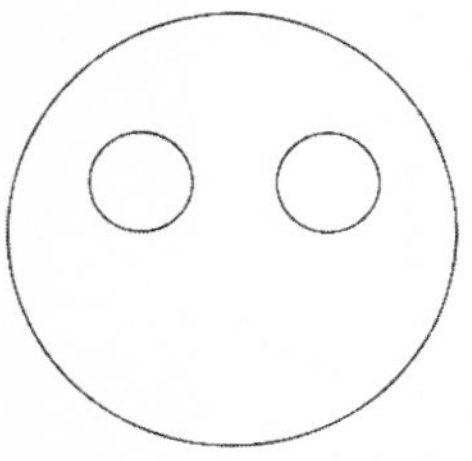

図2-6　3つの丸があれば顔と認識される

また、脳には特別に顔を認識する細胞があって、ほかの個体の表情をつねに意識し、社会的な関係を調整している。表情を演出する顔の部品の中で、眼は忠実に意識の動きを表すので、眼を見れば真実がわかるとまでいわれる。そこへいくと、生命維持に直結する機能を持っている口と鼻は、眼ほどは目立たず、脇役に甘んじている。見るためだけでなく、見せるため、見られるための顔では、眼が情報発信の主役なのだ。それゆえ、顔が顔として認識されるために必要な最低限のアイテムは、「輪郭」と「二つの眼」である（図2－6）。

なぜ眼は二つなのか

動物に眼が二つある理由は、できるだけ広く外界を見たいからであると同時に、情報のコントロールのために必要最小限の数にしているからでもあるのだろう。だから、二つの眼というシステムは、脊椎動物だけでなく節足動物や軟体動物にも独立して採用されている。

二つの眼の視野が重なると、立体視（双眼視）ができる。それは捕食動物にとっては、獲物までの距離を測るために必要であり、ヒトでもかつてサルの一員だったころ、枝から枝へジャンプするときに距離を測るために必要な情報収集機能だった。そしていまでも、手に持った対象物をくわしく観察するためにも欠かせない。

また、ヒトは眼が二つあることを利用して、情報発信にも役立てている。目配せやウインク（片眼つぶり）、あるいは眉上げをして、相手を認識していることを示したり、特別の意味合いを伝えたりしている。これらの方法はすべての地域集団（人種、民族とも）に共通のものである。ただし、ウインクの上手下手に関しては、集団によって違いがある。それは習慣の違いではなく、生物学的な違いらしい。くわしくは後述する。

なぜヒトの眼は横長なのか

さきほどのイヌからのヒトの顔についてのダメ出しに、「眼が横に切れ長で、白眼がむき出しになってて気持ち悪い」というものがあった。たしかにヒトの眼――この場合は「眼瞼裂」というべきだろう――は、動物の眼に比べてずいぶん横長である。そこには、何か意味があるのだろうか。

ヒトの眼が横長なのは、近くの対象物をよく見るためだと見抜いたのは、これまた香原志勢である。たとえば、近くにいるほかの個体の様子を知りたいときに、顔を動かさず、眼を動かすだけでこと足りれば都合がよい。現代社会でも、机の上で作業をするときなどに、眼を動かすだけでよければ効率がよい。もし眼瞼裂が小さかったら、顔を動かさなくてはならず、それはエネルギーの無駄になる。密かに横目で見ることもできない。

反対に、フクロウなどは、頭部に比べて眼球が大きいけれど、眼瞼裂が小さいので、眼球を動かさないで頭全体を動かしている。しかし霊長類では、小型のメガネザルから大型のゴリラへと、眼球に対して眼瞼裂が徐々に大きくなっていく傾向があり、見るために頭を動かすという労力を避けようとしている（図2-7）。

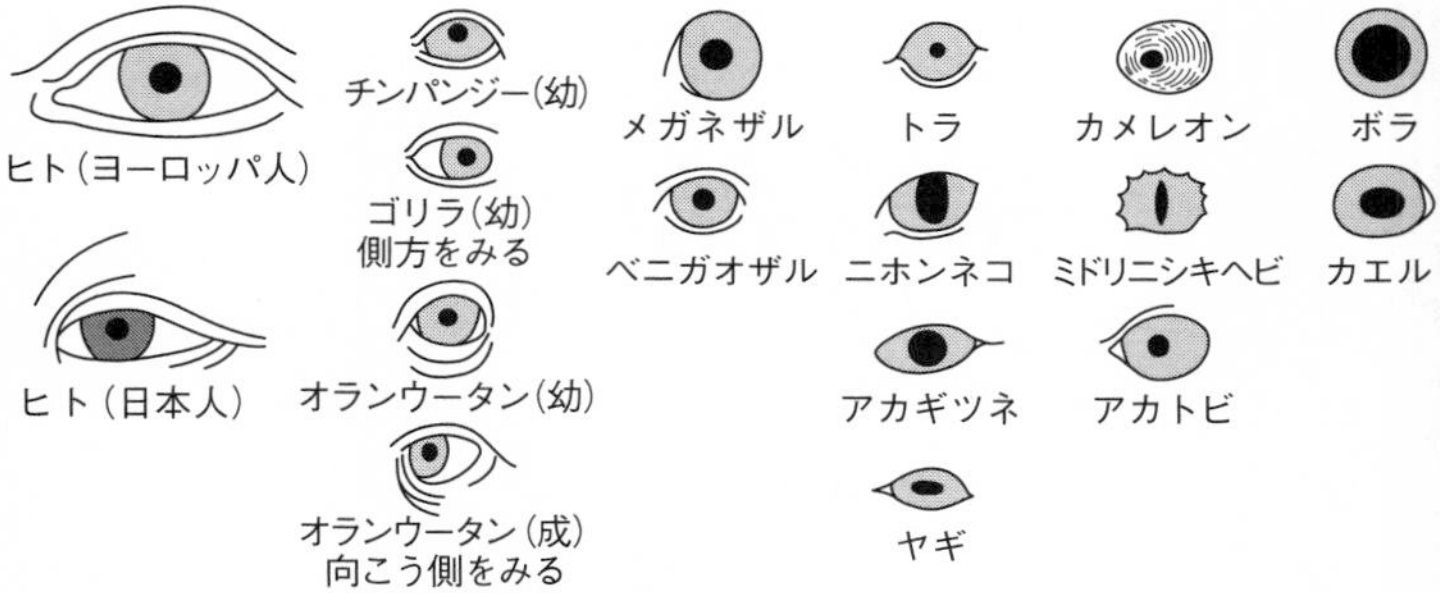

図2-7　さまざまな動物の眼とヒトの眼
白い部分は強膜（白眼）、グレーは虹彩、黒は瞳孔
（香原志勢『人体に秘められた動物』NHKブックスより）

ヒトの「白眼」はなぜ目立つのか

眼瞼裂が大きいヒトの眼では、「白眼」がいつも露出している。白眼とは眼球の結膜の部分であり、そのすぐ下の強膜の線維が光を反射するので、白色に見える。多くの動物は、白眼はほとんど見えない。それは眼球に比べて眼瞼裂が小さく、しかも、「黒眼」といわれる虹彩の周りの結膜が着色されているからである。つまり、わざわざ白眼を目立たなくしている。それは、視線（眼差《まなざ》し）の方向を隠すためだ。

野生動物にとっては、視線の方向を露わにしてどこを見ているかを敵に悟られると、困ることが多い。たとえば、インパラが草を食べることに集中していることがわかれば、ライオンにとっては好都合だ。逆に、ライオンがどのインパラに狙いをつけているかが見破られれば、そのインパラにすぐに逃げられてしまうだろう。

ヒトでは、白眼の露出により視線を明らかにすることによって、相手に注目していることを示し、個体どうしの社会的な関係を維持していると解釈されている。つまり、ほかの動物との間に生じるかもしれないリスクよりも、人間どうしで仲よくすることの利点のほうをヒトは選んでいるのだ。もっとも人間どうしでも、権力者や危険な相手に「眼《がん》をつける」とまずいことになるわけだが。

人類の進化の過程で、いつ白眼が目立つようになったかは、証拠がないが、脳がかなり大きくなった原人の時代には、我々と同様の白眼になっていただろう。

「つぶらな瞳」と「過剰な涙」

ヒトの赤ん坊は、眼球の大きさのわりに眼瞼裂が小さいので、いわゆる瞳である虹彩の部分がよく目立つ。それを「つぶらな瞳」、あるいは「黒眼がち」と形容して、赤ん坊らしい可愛さの象徴と、多くのヒトは感じている。しかも、赤ん坊の白眼は強膜が薄く、中の脈絡膜（網膜と強膜の間の膜で「ブドウ膜」とも呼ばれる）の黒い色が透けて、青みがかっているので、虹彩がなおさら目立つことになる。ちなみに、本当の瞳は「瞳孔」といい、虹彩の真ん中の、透明で光が通る部分である。

また、ヒトの特徴として、健康な状態でも、ときどき過剰な涙が眼からあふれるということがある。そもそも涙とは、上瞼の外側上部にある涙腺から適量が分泌され、瞬きによって眼球の表

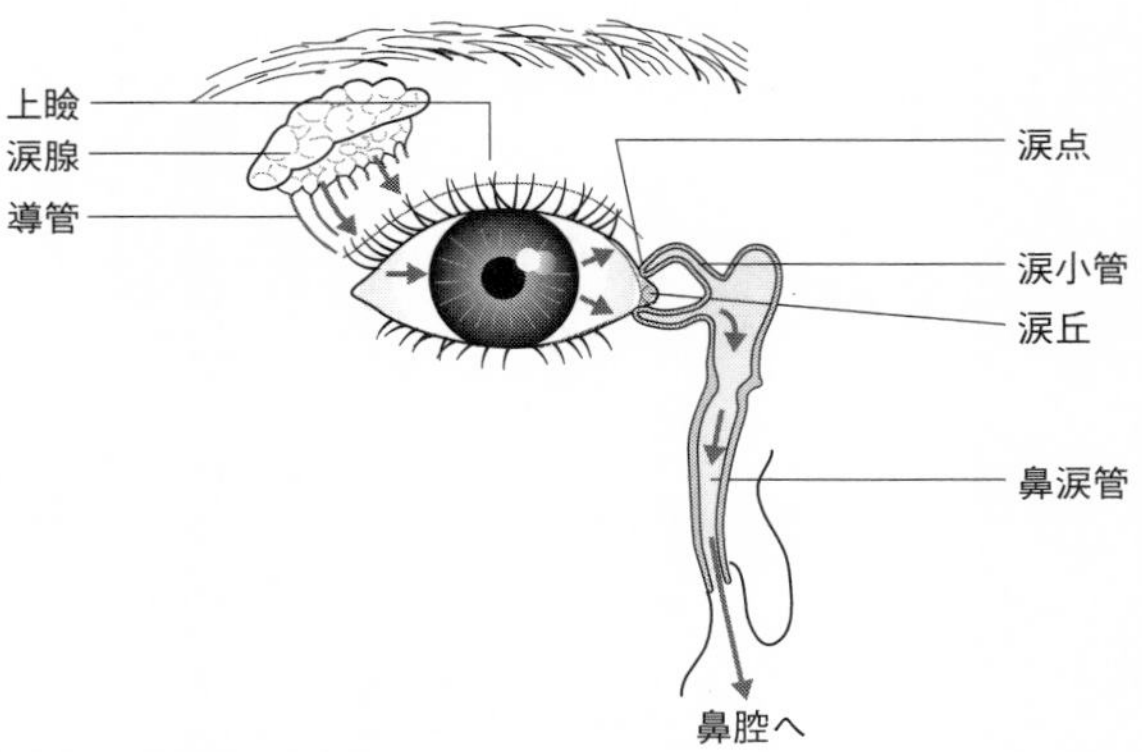

図2-8　眼のまわりの構造
平滑筋が働いて涙を吸い込んでいる

面と眼瞼の内面を潤し、目頭にある涙湖《るいこ》（演歌に出てきそうな名称だが正式の解剖学用語）に溜まり、上下の瞼の内側の隅にある涙丘《るいきゅう》（これも演歌みたい）の涙点から、涙小管と鼻涙管を通って鼻腔に排出されるものである（図２－８）。ふだんは一滴の涙も無駄にしない仕掛けになっているのだ。

ところが、感情が高ぶったときに涙が多量に分泌されると、排水が追いつかず、あふれ出る。ただし、ひどくなければ、永六輔作詞・中村八大作曲・坂本九歌唱の「上を向いて歩こう」という作戦も有効であり、解剖学的・生理学的に正しい。哀しい映画を観たあとも、最後のエンディングロール（関係者の名が長々と続くリスト）の時間に上を向いていれば、涙が鼻腔に流れていってくれる。

なぜ感情が高ぶると涙を流すのかは、はじまりは偶然に起きた自律神経のコントロールミスだったのだろう。だが、赤ん坊が母親を呼ぶために泣きながら流す涙を見ればその効果は明らかで、ほかの者の感情に訴えることによって自己の生存を計るためであり、さらに個体間の緊張を解消する効果もあげたにちがいない。

生理機能的には、涙には眼球の潤滑作用と殺菌作用がある。瞼の縁にあるマイボーム腺から分泌される脂質も、潤滑と涙の蒸散防止に役立っている。マイボーム腺が詰まって化膿すると、「ものもらい」になる。また、加齢により、あるいは眼の使い過ぎやストレスにより、涙の分泌が減ってくると、ドライアイになる。

眼を守る骨

眼を構成する眼球や眼筋が入っている、骨にあいた穴を眼窩という（図2－9）。眼窩は、顔の表面近くを除いては、薄い骨で囲まれた円錐形をしている。ヒトの眼窩は、そこを神経や血管が通るための小さな孔のほかは、密閉された構造になっている。

しかし、普通の哺乳類では、眼窩の外側後方は側頭筋の収まる側頭窩に向かって開放している。眼窩と側頭窩との間に仕切りができているのは、ヒトや、そのほかの高等霊長類のみなのである。このことは、そもそもヒトなどの高等霊長類が、色覚豊かな視覚に頼って昼間の世界に生きる動物であることを意味している。眼球の微妙な動きが、側頭筋の動きによって影響されないようにしていると考えられるのだ。

類人猿や原人などでは、眼窩の入り口の上部が盛り上がり、眼窩上隆起を形成している。眼窩上隆起ができたのは、強い咬合力を吸収して脳に衝撃が伝わらないようにするためとも、眼球や神経を外力から保護するためとも考えられている。あるいは、男性に顕著にみられるので、性的魅力になっていたともいわれる。

眼窩には眼窩脂肪があり、眼球にショックが加わったときにクッションとして働いている。だが、急速な栄養不足に陥るとこの脂肪が真っ先に消費されるので、眼が窪んで、げっそりとする。

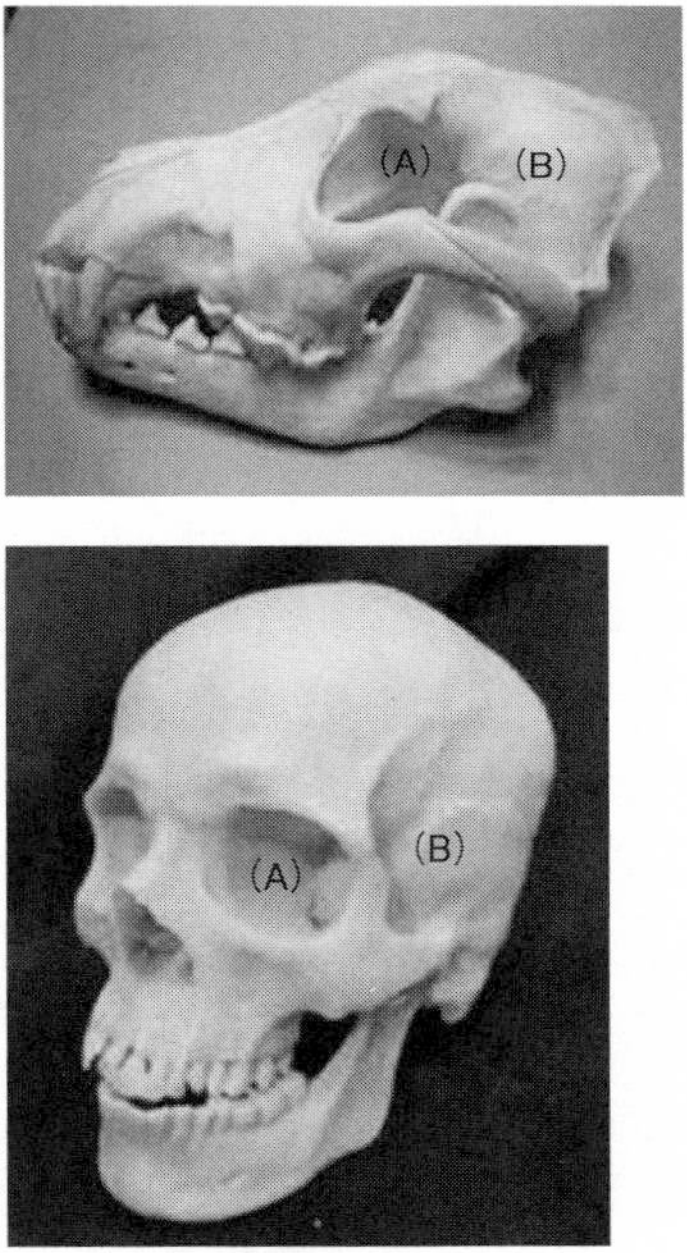

図2-9　眼窩の構造
上のイヌでは眼窩（A）と側頭窩（B）は続いているが、下のヒトでは眼窩の後外側に骨壁があって、眼窩と側頭窩は分離されている

2-4 「縁の下」で働く鼻

見かけの鼻だけが鼻ではない

鼻は顔の中では、形や大きさの個人差が実際以上に大きいと思われがちなパーツである。地域集団（人種）によっても大きく違うと、多くの人が思い込んでいる。その原因の一つは、周りから隆起する部分だけが目につくからだ。

ウマを見ればわかるように、本来、動物の鼻は大きな鼻腔を収めるために、顔の前上部を大きく占めていた。ところが、ヒトでは顔が平らになったことで、顔に収まりきれない部分が生じ、外鼻として顔の中央部にはみ出してきた。それだけが鼻であると、我々は誤認しているのだ（図2－10）。

したがって、身体のわりに顔が小さい人は、我々が鼻と認識している部分が隆起する傾向があり、身体のわりに顔が大きい人は隆起しない傾向がある。大柄で顔の小さいヨーロッパ人の鼻が

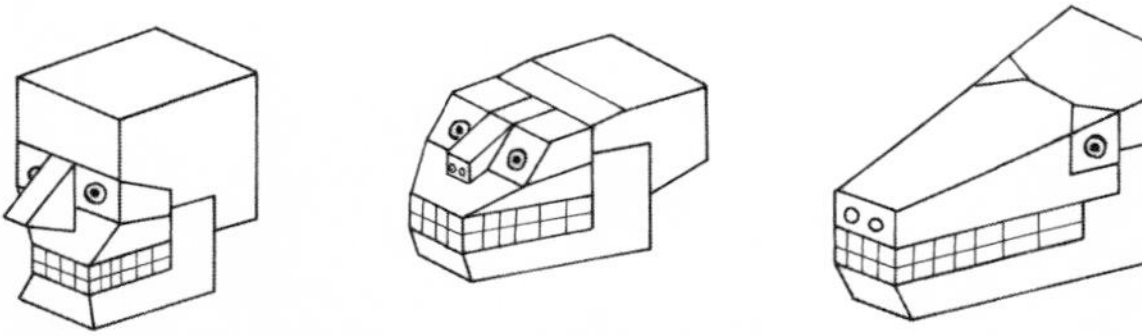

図2-10　ヒト、霊長類、一般哺乳類の頭骨を寄木細工になぞらえる
右：ウマなどの一般哺乳類は鼻腔が大きく上顎骨の大部分を占め、外鼻孔が先端にある
中：サルなどの霊長類では鼻腔が小さくなり、外鼻孔は後退した
左：ヒトでは顔面が退縮し、鼻腔の一部が突出して外鼻を形成する。歯列は後退したが、下顎底部（とくにオトガイ）は拡大し、喉頭を圧迫しないようになっている
（香原志勢『顔の本』中公文庫を改変）

みごとに隆起しているように見えるのは、当然なのである。

外鼻の上部は、左右の鼻骨と左右の上顎骨前頭突起で形成されている。下部は鼻軟骨で形成され、鼻軟骨は正中部の奥の鼻中隔軟骨、中上部の左右の外側鼻軟骨、下部で左右の鼻腔を別々に包むようにしている大鼻翼軟骨の3種類に分かれている（図２－11）。大鼻翼軟骨は、正中部の鼻尖と左右の鼻翼を形成する。ヨーロッパ人では、鼻尖部分の大鼻翼軟骨が発達して、鼻尖が二つに分かれていることがある。アジア人ではそのようなことは少ないが、鼻尖の下面を指先で軽く押しながら左右に揺すると、大鼻翼軟骨の境目がわかる。

鼻の機能となりたち

鼻があるのはメガネをかけるためではなく、その奥の鼻腔の粘膜が、吸気を暖め、水分を与え、異物を取り、

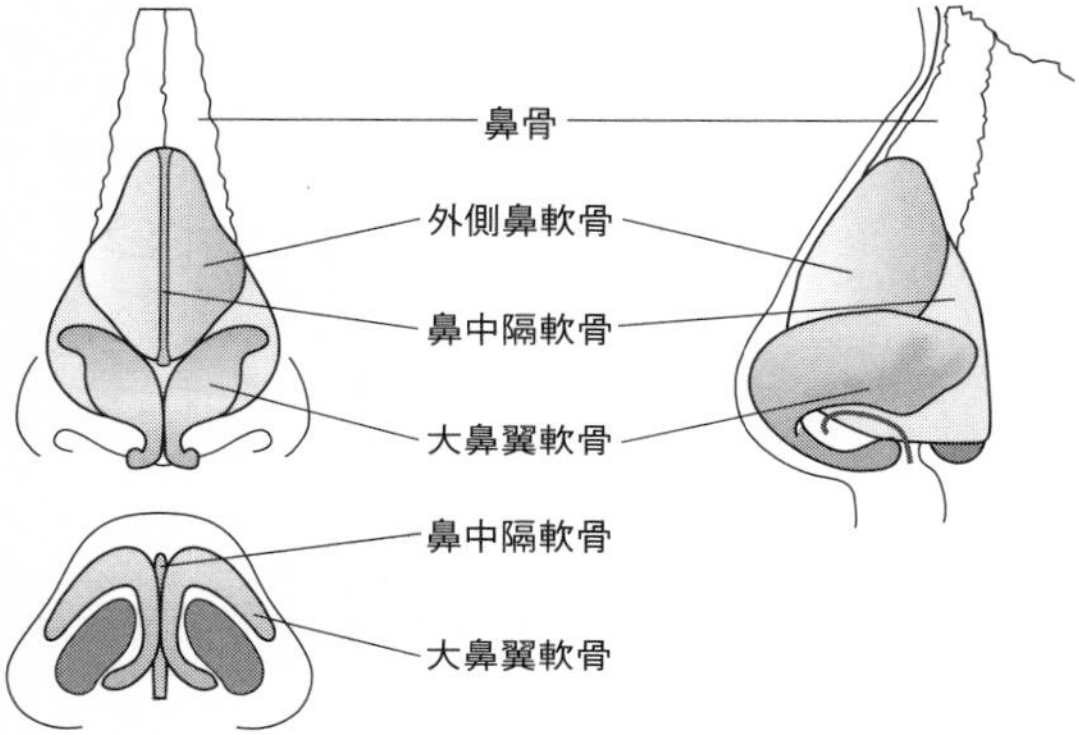

図2-11　ヒトの鼻の構造

さらに呼気から熱と水分を回収するために存在している。逆に、鼻汁を蒸発させて体熱を発散することもある。そこで、寒いあるいは乾いた気候で暮らす哺乳類の多くは、鼻腔の容積が大きい（脳より何倍も大きい）。そして鼻腔の中は細かく仕切られていて、粘膜の表面積が広くなるようにできている。

ヒトの祖先は、湿った熱帯で進化したので、鼻腔の容積は小さく（脳の10分の1ほど）、細かく仕切られてもいない。なお、鼻腔から続く副鼻腔というスペースがいくつかあり、それらは重量軽減のためといわれるが、吸気を暖め、湿り気を与える作用もある。ただし、副鼻腔はどれも出入り口が狭いので、空気や分泌物の出入りができなくなると細菌感染を起こし、副鼻腔炎（蓄膿症）になることも多い。

もともと鼻は、匂いを嗅ぐための器官として発生した。魚には左右に2個ずつ、4個の孔があって、前の孔（入水孔）から後ろの孔（出水孔）に水が抜ける途中の嗅囊《きゅうのう》という腔所に面して嗅細胞があって、匂いを嗅いでいる（図2－12）。鼻が左右に分かれているのは、視界の悪い水中で餌を探すのには都合がよい。

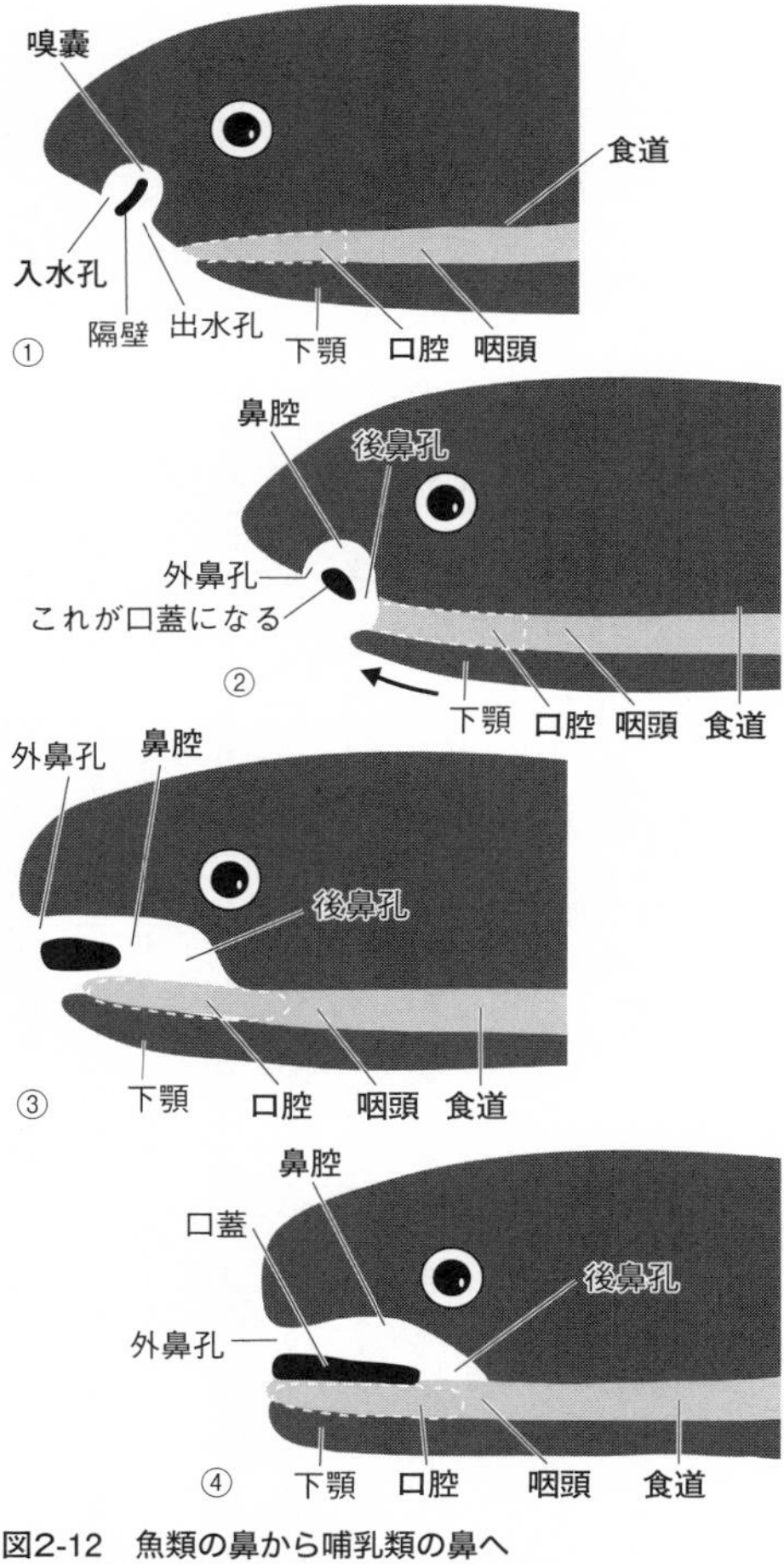

図2-12　魚類の鼻から哺乳類の鼻へ
①軟骨魚類　②総鰭類（魚類）③両生類　④哺乳類

やがて、両生類が陸上に上がると、空気を吸うために嗅嚢が鼻腔となり、口腔につながり、さらに奥の咽頭へと通じた。魚の入水孔はそのままヒトの外鼻孔となったが、では出水孔はどこに行ったのだろうか。かつては、出水孔が眼につながり、涙の排水口である涙点になったといわれた。だが最近では、出水孔が口の中に入り込み、私たち哺乳類の鼻腔の奥にある後鼻孔になり、入水孔と出水孔の間の骨が口蓋となったと考えられている。涙の排出路である鼻涙管は、出水孔とは別個に、魚類独自の感覚器である側線系の通路を利用して鼻腔につながったらしい。いずれにせよ、涙は鼻腔（下鼻道）に流れ、やがて咽頭と口腔にも至る。それは、目薬の苦さを感じるとよくわかる。

鼻腔の内面は粘膜に覆われ、粘膜は鼻汁を分泌する。鼻汁は粘膜に生えている線毛によって運ばれ、粘膜の後ろの3分の2から分泌されたものは咽頭に流れるが、前の3分の1から分泌されたものは鼻腔前庭に流れるらしい。だから鼻腔に流れた涙が鼻汁と一緒に鼻から出ることもある。

正しい「くしゃみ」のしかた

ところで、ヒトは「くしゃみ」のしかたがおかしい。くしゃみとは、鼻腔の鼻汁や異物を吹き飛ばすためにするものであり、咳が気管から痰を出そうとするのと同じ生理現象である。

だから、イヌは口を閉じ、正しく鼻からくしゃみをして、鼻汁と異物を吹き飛ばしている（喉頭が鼻腔に直結していることもある）。ヒトも赤ん坊はそうしている。

ところがヒトは、知恵がつくと、あるいは色気づくと、「エチケット」と称して、鼻の奥の鼻咽頭を閉じ、口を開けてくしゃみをする。これでは鼻汁と異物を出すことはできない。そして、本来の用を足すためにわざわざ、ティッシュペーパーを使って鼻をかむ（資源の浪費）。

くしゃみが咳とは違うのは、強い呼気を発生させるために肋間筋と腹筋が強く収縮するとともに、呼気が漏れないように喉や顔面の筋肉も収縮する必要があることだ。だから、くしゃみをするときには目をつぶるのだ。先日、下腹部の手術をした直後に咳をしたら激痛が走り、これがくしゃみだったら死ぬかもしれないと思った。

ヒトの鼻の孔はなぜ下を向いているのか

ところで、ヒトの鼻の孔はなぜ下を向いているのだろうか。

イヌなどの顔と鼻腔は前後に長く、鼻孔は前を向き、後鼻孔に続く咽頭も斜めなので、呼気も吸気もあまり曲がらず鼻腔を通過する。

しかし、ヒトの顔と鼻腔は上下に長く前後に短い。そのため、呼気も吸気も鼻腔の中で、大きく向きを変える（図２-13）。咽頭から上がってきた呼気は、鼻腔の天井に当たり、前方に向き

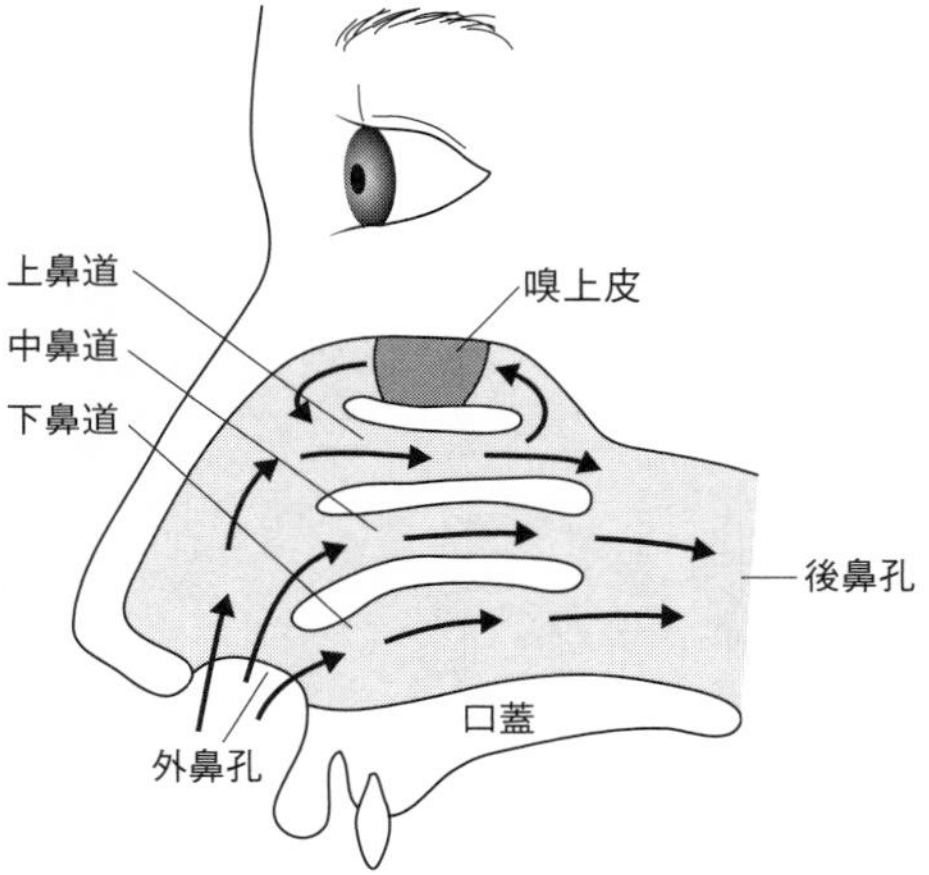

図2-13　ヒトの鼻腔での空気の流れ
鼻の孔が下を向いているので呼気や吸気は鼻腔の上部にまで達する

を変え、さらに鼻骨の裏側に当たって、下方に向きを変える。いわば逆さまにUターンしているのだ。その間に呼気は、広い鼻腔下部だけでなく狭い鼻腔上中部にも十分な熱と湿気を与えている。

吸気も、呼気と同様の経路を逆向きにたどる。もしも鼻の孔が前を向いていたら、吸気は主に広い鼻腔下部を流れ、鼻腔上中部にはあまり到達しない。すると、呼気によってせっかく熱と湿気を与えられた鼻腔上中部の粘膜は、吸気を暖め湿り気を与えるという鼻が求めている仕事を十分にできなくなってしまう。

また、鼻の孔が前を向いていたら、鼻腔の最上部に集中している嗅細胞には吸気が届かず、匂いを嗅げなくなる。だから大けがをして外鼻を失うと、匂いがわからなくなる。つまり外鼻下部を形成している鼻尖と鼻翼（小鼻）は、鼻の孔を下に向けて、吸気が鼻腔上部に届くように整流作用をしているわけだ。雨水の浸入を防ぐためではない。

鼻が上下に長く、高く隆起している人ほど、鼻軟骨が発達し、鼻の孔が下を向いている。つまり、鼻が垂れていて前方からは鼻の孔が見えない状態だ。その典型が、魔法使いのお婆さんの鼻である。逆に、鼻が上下に短く、鼻の隆起が低い人ほど、鼻軟骨が発達せず、鼻の孔がやや前を向いている。その極端な例がチンパンジーであるともいえる。

人類は進化の過程で、鼻腔が前後に短縮するにつれて、鼻軟骨が発達したと考えられるのだが、それがいつごろだったのかを特定することは、厳密には難しい。一般的には、およそ２００万年前、顎と歯の退縮が進んだ原人の時代から始まったと考えられている。

なお、ヒトの顔には鼻鏡（鼻面のゴムのような部分）が見当たらないともイヌに指摘されたが、高等霊長類では、匂いの分子を付着させるための鼻鏡は嗅覚の退化にともなって失われている。

鼻毛はヒトの大発明

鼻毛はヒトに特有のものらしい。ほかの動物は鼻腔の粘膜に線毛は生えるが、鼻毛は生えない。ヒトの鼻で鼻毛が生えているのは、鼻尖軟骨と鼻翼軟骨の内側の鼻腔前庭である。そこは、もともとは皮膚だったものが内部に引き込まれた部分だ。鼻毛は、人類の祖先が猿人から原人への進化途中で乾燥した草原・砂漠に出て行ったときに、砂埃を濾過するために発達したと考えられる。類人猿と同じ状態だった外鼻孔周辺の貧弱な鼻軟骨が、周辺の皮膚を引きずりながら拡大突出したときに、毛が鼻の中に取り込まれたのであろう。

この鼻腔に毛を取り込むという発明は、ヒトの祖先が湿った森で暮らしていて、イヌやウマのような複雑な鼻腔のシステムを持っていなかったからこそできたことだ。古人類の姿を復元するときには、鼻軟骨の隆起の根拠として考えてよいだろう。

なお、現代人で見るかぎり、骨性の外鼻が隆起しなくても、軟骨性の外鼻（鼻軟骨＝鼻尖＋鼻翼）は発達するようだ。このことから、軟骨性外鼻のほうが、骨性外鼻より起源が古いといえる。ただし、骨性外鼻が突出すれば、軟骨性外鼻が外鼻孔を下に向かせることと相まって、吸気の整流作用がさらに完全になる。

2-5 口は食うより訴えたい

動物に顔が生まれたきっかけは、一定の方向に動く動物の前端に口ができたからであり、それを香原志勢が「はじめに口ありき」と形容したことは、先に述べた。それは、消化管の入り口がある方向に移動すれば能率的に餌をとれるということであり、つまり、もともと口と顔の関係は、「食う」という生物としての最重要課題を満たすことから始まった。なお、食う機能にはのちに、攻撃や威嚇という機能も含まれるようになった。

ところが、ヒトの出現によって、口の役割はそれまでとは大きく変わった。霊長類としての自由に動く手の発達、さらに、それがもたらした道具や文化の発達によって、「食う」ためという役割が徐々に軽減されてきた。その代わりに、ヒトのヒトたるゆえんともいえる、意味を表す区切りをもつ有節音声言語をしゃべることが、口の機能として重要になってきたのだ。いわば、消化器の入り口に情報発信機能が付加されたのである。

言葉と喉頭下降

言葉をしゃべるためには、大脳による論理能力とともに、声を調整する管楽器のような装置が必要である。論理能力に関しては、人類進化にともなう大脳の拡大や石器の発達などの証拠と、ノーム・チョムスキーをはじめとする認知心理学者の生成文法理論との対立があり、混乱しているので、ここでは扱わない（なお、最近は生成文法理論について否定的な見解が多くなったとのこと）。

「管楽器」として重要なのは、喉頭の下降現象である。喉頭は咽頭と気管をつなぐ器官で、ヒトでは頸の中ほどにあり、とくに男性では喉仏《のどぼとけ》の出っ張り、「アダムのリンゴ」として観察される。

イヌなどの哺乳類では、喉頭は咽頭の上部、つまり口腔の後ろにあり、その上端は鼻腔の後部（後鼻孔）に直結している。それは息の通り道（気道）を確保する意味では、適切な構造といえる。だから彼らは、息をしながら水を喉頭蓋の両側の隙間から呑み込むことができる。大きな肉は喉頭蓋を押し下げて呑み込む。しかし、彼らの声帯で発生した声は、そのままでは鼻に抜けてしまうし、口から出しても吠えているようにしか聞こえない。なお、ヒトの赤ん坊も喉頭の位置が高いので、息をしながら母乳を飲むことができる。

成人したヒトは、喉頭が下がっている。だから、声が咽頭から口腔をへて口に至る過程で、微妙に区切られ、調整されて、有節音声言語としてしゃべることができる。

ただし、喉頭が下がったために、水や食物は、喉頭を逆に引き上げ、喉頭蓋を閉じて呑み込む必要があり、うまくいかないと誤嚥を起こす。年をとると肺炎を起こし、命に関わる。

京都大学霊長類研究所の西村剛准教授によると、現代人が音声言語をしゃべるためには、咽頭と口腔での2段階の調音が必要らしい。それには、充分な長さの垂直な咽頭と、短い口蓋と舌による湾曲した口腔という構造が不可欠らしい。その点では、チンパンジーは咽頭が短く、口腔がまっすぐで長いので、まったくしゃべれない。ヒトの赤ん坊は、咽頭は短いが、口腔は短く湾曲しているので、何とかしゃべっている。幼児になると、大人と同じような発音ではないが言葉を話し、大人は何とか理解している（図２－14）。

また、西村氏によると、ヒトの喉頭は2段階で下降したという。類人猿の状態だったときに一度下がり、さらにヒトになったときにもう一度下がったらしい。それは、チンパンジーの喉頭はほかのサルたちよりも少し下降していることからわかるとのことだ。

では、なぜ、ヒトは喉頭の位置が下がったのだろうか。それは、直立二足姿勢の発達と咀嚼器官の退縮に関係している。つまり、歯列が小さくなって後ろに下がり、脊柱頸部が直立して頭の真下に位置するようになったので、その間の咽頭上部のスペースが狭くなり、喉頭は頸の中ほど

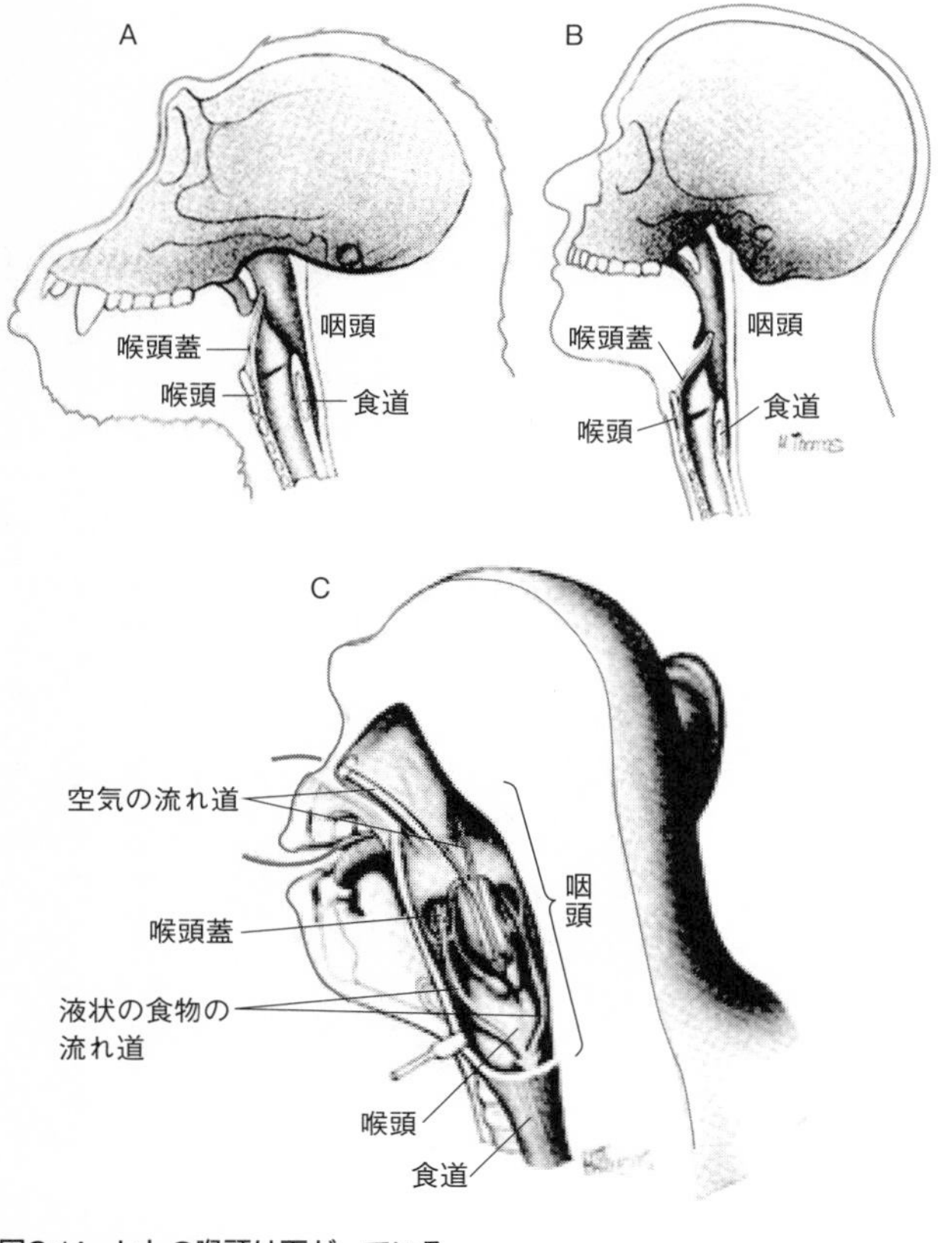

図2-14　ヒトの喉頭は下がっている
Ａ：チンパンジーの喉頭
一般哺乳類の喉頭はこのように口の奥に位置し、鼻腔と直結している
Ｂ：ヒトの喉頭
頸の中ほどに喉頭が下がっているので、鼻腔とは直結しない
Ｃ：チンパンジーの左斜め後方から見た解剖略図
吸気は鼻腔から咽頭上部を通り、喉頭へ流れる。液状の食物は口腔から喉頭蓋の両側を通って食道に流れる
(Lieberman)

まで下がらざるをえなくなったのだ。

ヒト以外に喉頭を下げている動物の例としては、アカシカのオスがいる。繁殖期には、わざわざ喉頭を下げて、低音の魅力でメスを呼ぶ。管楽器のように、声道が長く太いほうが低い声が出るからだ。多くの動物では身体の大きなオスほど繁殖の機会が増えるが、一般に声の低さは身体の大きさと比例することを、メスが本能的に知っているらしい。

南アフリカのブロンボス洞窟の発掘で著名な考古学者クリストファー・ヘンシルウッドは、2mを超える巨漢で、声はきわめて低いので恐ろしげだったが、話してみると、実は優しいジェントルマンだった。個人的にはバスケットボールの八村塁選手を思い出す。

ちなみに子どもを躾けるときも、キャンキャン声で叱るよりも低音で言って聞かせるほうが、はるかに効き目があるといわれる。ヒトの男女による声の高さの違いも、単純に身体の大きさだけでは説明がつかないので、性選択つまり性的魅力による解釈が成り立つ。

唇の魅力

唇は、本来は消化管の入り口の縁取りにすぎなかったにもかかわらず、頻繁にちょこまか動いて、顔の中ではやけに目立っている。ヒトに特有の唇は、解剖学では「赤唇縁《せきしんえん》」と呼ばれ、皮下脂肪がないので、毛細血管が透けて赤く見える。一般には、赤唇縁があるのは赤ん坊が乳首にうまく吸いつくためといわれている。ヒトの女性の乳房は、ほかの哺乳類と違って皮下脂肪が多いので、乳首がめり込んでいるからだ。乳房に皮下脂肪が多いのは、丸いお尻の魅力がここに転換したともいわれる。

しかし、微笑んだり、甘い言葉を発したりして微妙に動く唇が、強烈なセックスアピールになることは誰でも知っている。古来、女性が口紅を塗る理由もそこにある。なお、肌の色が白いと唇が小さくても赤い色が目立つが、肌の色が濃いと唇にもメラニンが多くなり赤い色が目立たない。そこで、たとえばアフリカ人に典型的なように、肌の色が濃い人々ほど、唇が大きい、あるいは縁が盛り上がって目立つようになっている傾向がある。赤ん坊吸乳仮説よりセックスアピール仮説が有力な根拠の一つだ。

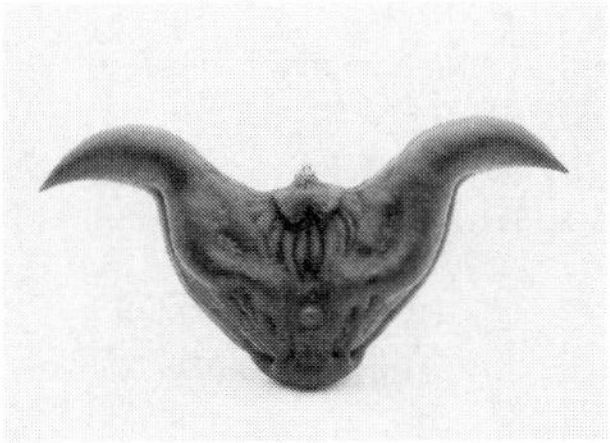

図2-15　菱の実

中国では、美女の唇の喩えとして、「菱角嘴」という表現があるらしい。菱の実のように口角が持ち上がった形のことである。野生の菱の実を見ると、横幅は短く、厚みがあって、上唇の中央に切り込みがあり、口角がきゅっと上がっている（図2－15）。逆の状態を想像すると、菱の実形の魅力がわかる。なお、唐の時代には黒い口紅を塗るのが流行ったらしいので、黒い菱の実を連想したのかもしれない。

鼻と口を結ぶ正中部には「人中」という浅い溝や凹みがある。一般には、人中の外側の隆起は、胎生初期に、内側鼻隆起（顔の中央寄りの部分）と、その外側にある左右の上顎隆起が合わさった部分といわれる。しかし私は、上唇の内面に上唇小帯というヒダがあって、皮膚がそれに引っ張られるために正中部に溝ができると考えている。そして、両側の隆起は、上唇が内部の弾性線維によって内外側方向に縮められ、折り目ができ、ヒダをつくっていると見なしている。

それは、赤ん坊では、唇が弾力に富み歯もないので、唇が縮んでいて人中がよく目立つが、大人になると、唇の弾力が減り歯が突出するので、唇が引き延ばされ、人中が目立たなくなることでもわかる。それでも正中の溝だけははっきりと残っている人がかなり多くいる。

なお、下唇の正中部の直下にも、人中に対応する凹みがあるが、なぜその部分が凹んでいるのかはわからない。下唇の奥には下唇小帯があるが、これが凹みをつくっているわけではないだろう。ヒトは形のよい人中に、大いに魅力を感じるようである。英語では「love charm」ともいわれ、「愛されるためのポイント」あるいは「媚薬」という意味もあるらしい。

いずれにせよ、人類進化的に見れば、歯列が後退したために、唇とその付近の皮膚の立体感が生まれたことになる。そして、審美あるいは性選択の観点では、唇の上下の凹みと隆起は、唇の魅力をさらに引き立てている。とくに、陰影が勝負の大理石や石灰岩の彫刻を見るとそれがよくわかる。

2-6 顔の脇役たち

眼・鼻・口は顔の部品の主役だが、それ以外にも、余白を埋めるのに味わい深い重要な脇役たちがいる。

額の広さは知恵の象徴

額は、本来は（解剖学的には）前頭部という頭の一部である。にもかかわらずヒトでは、顔の一部として認知されるようになった。香原志勢によると、日本語の「額」は頭髪の生え際から眉の上縁までをさすが、英語の「forehead」、フランス語の「frons」、ドイツ語の「Stirn」は眼の上までをいい、英語の「brow」は眼の上の高まりであり、その表面に生える眉も含むが、広義には額全体を意味する、とのことである。つまり、日本では眉が額に含まれないが、ヨーロッパでは眉が額に含まれるという。

さらに私なりに解釈すると、ヨーロッパ人の顔では、眼が窪んでいるので、眼窩の上縁を境と

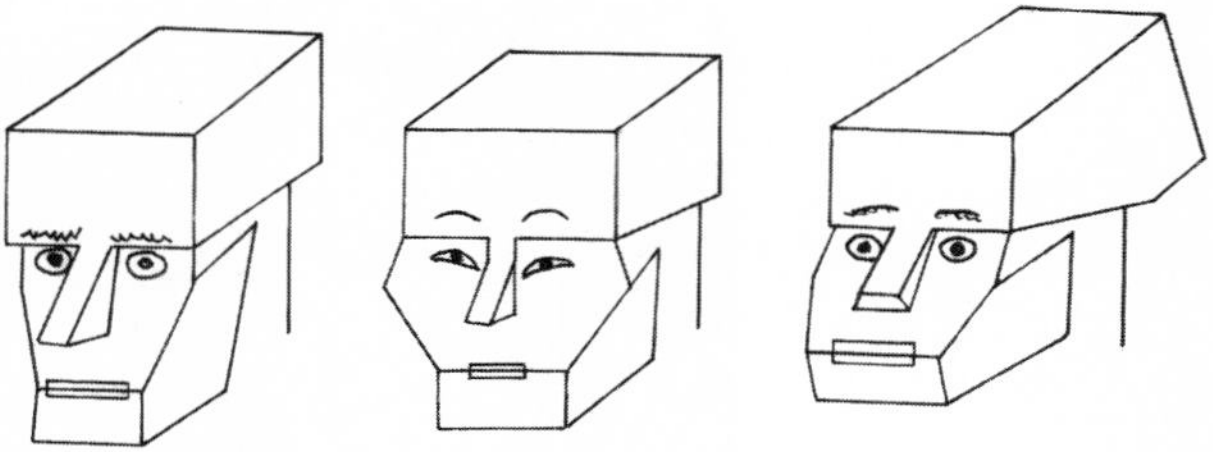

図2-16　人種ごとの顔の構造の模式図
左からヨーロッパ人、アジア人、アフリカ人（香原志勢『顔の本』より）

して、骨格の構造上、顔が上下に明瞭に区分され、眉が額の一部になるのに対し、アジア人では額から鼻あるいは頰まで、骨格による区分がなく、平坦に続いているので、私たちは眉を顔の上下の（顔の上中部の）境界として認識するのだろう（図２－16）。

ヒトの額が目立つ原因は、脳が大きくなっただけでなく、丸くなったためである。たとえば、ネアンデルタール人では、脳が大きくても顔が大きいので、頭は広く低くなり、額はあまり目立たない（図２－17）。ホモ・サピエンスでは、咀嚼器官の退化に伴い、頭顔部の構造的制約が軽減されたので、顔は小さくなり、大脳が、大脳にとって心地よい球形に膨隆し、小さくなった顔の上にのしかかったのだ。

顔と頭の境は、頭髪の生え際ともいわれるが、年齢とともに後退するのであてにならない。なお、前頭骨と頭頂骨の境は、頭の前後の真ん中ほどなので、後ろすぎて参考にならない。要するに不確かなのだ。

額の奥にある頭蓋腔には、ほかの動物に比べて巨大な1400mlにもおよぶ脳が入っている。脳を納めている骨格は、解剖学では脳頭蓋と呼んでいて、厚さ5㎜ほどもある3層構造の頑丈な容器になっている。額が厚さ1㎝の強化ガラス板に激突すると、ガラスのほうが割れることもある。

ただし、側頭部は側頭筋に覆われているので薄く、曲率が小さいので、強打すると壊れやすい。中身の大脳は、人類進化の過程で著しく拡大したにもかかわらず、脳硬膜による仕切りが発達せず、分離収納が進んでいないので、ショックに弱い。たとえるなら、10個のケーキか豆腐を個別の仕切りのない箱に入れているようなものだ。

図2-17　ネアンデルタール人の復元
(国立科学博物館所蔵／筆者写す)

ちなみに、脳硬膜の仕切りは、正中部に前後に張られて脳を左右に分けている大脳鎌と小脳鎌、そして水平に張られて大脳と小脳を分けている小脳テントの3つしかない（図2－18）。したがって、大脳はとくに前後のショックに対して弱い。私の友人のインドネシア人医師は、オートバイで転倒して後頭部を強打したら、匂いがわからなくなった。脳が後方に急激に移動した際

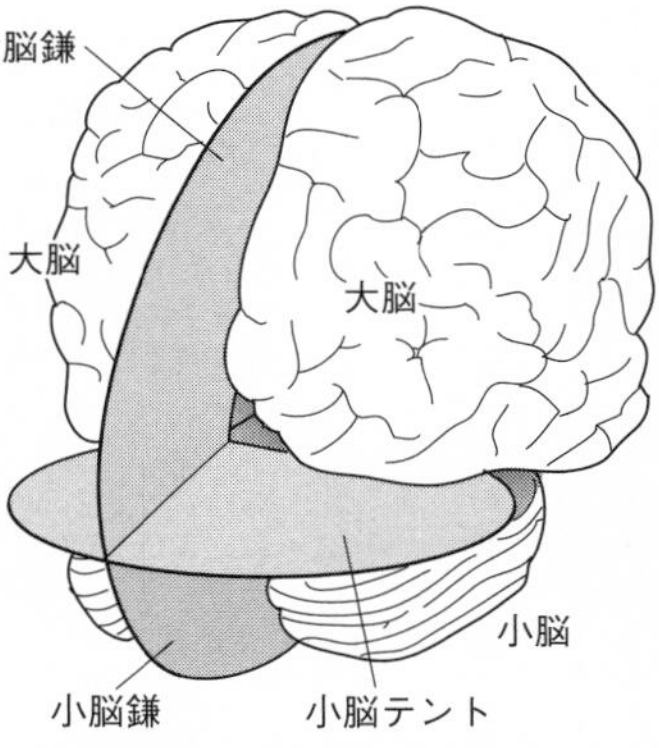

図2-18　脳硬膜による大脳の仕切り
イメージしやすいように大脳鎌、小脳鎌、小脳テントを誇張した

に、篩骨《しこつ》の上面に付着していた嗅神経が切断されたからだった。

頬と頬骨は別物か

頬は、顔の側面で、眼・鼻・口・耳・下顎の下縁で囲まれた部分だが、ヨーロッパ人と東アジア人では形態がずいぶん違っている。ヨーロッパ人では、眼の下から下顎下縁までがほぼ平坦なので、全体が頬に見え、斜め外側前方を向いている。東アジア人の多くでは、眼の下に頬骨の隆起部があって頬が突出しており、そこは前方を向く面と外側を向く面で構成されている。その下に下顎下縁まで続く平らな部分があり、斜め外側前方を向いている。したがって、全体を頬と見なすか、下方の部分だけを頬と見なすかは、微妙である。普通は下半部のみを頬と認識するだろう。ちなみに人体解剖学では、上半を頬骨部と眼窩下部として、下半の頬部と耳下腺咬筋部とは別に扱っている。

では、なぜ我々東アジア人は、頬骨が突出するのだろうか。

解釈の一つは、咀嚼機能との関係だ。頬骨は、後方では側頭骨に続き、頬骨弓という骨のアーチを形成している。この頬骨弓と側頭部の間には側頭筋が収まっていて、側頭筋が発達すると、頬骨弓が横に張り出す。また、頬骨と頬骨弓の下には咬筋がついているので、咬筋が発達すると、頬骨と頬骨弓も大きく頑丈になる。その結果、頬骨が側方に張り出すとともに、前方にせり出すことになる。だから噛む筋肉が発達すると、頬骨が突出し、顔が平らになる。現代アジア人の若者の中には、軟らかい食物を食べる影響で、頬骨が発達せず、ヨーロッパ人に近い顔立ちをしている人も見かける。

もう一つの解釈は、頭と顔全体の形がヨーロッパ人では前後に長く左右に狭く、東アジア人では前後に短く左右に広いためであり、それは適応によるものではなく遺伝的浮動による偶然の結果と見なすものだ。確かに、ヨーロッパ人の鼻の両側を後ろに強く押すと、頬骨の中央部が折れて外前方に飛び出すようになりそうなので、単なる形の違いにすぎないとも考えられる。ちなみに、咀嚼力が強力だったはずのネアンデルタール人の顔は前後に長く正中部が突出していて、頬骨はまったく出っ張っていないことも、咀嚼に対する適応だけでは割り切れないことを示している。あるいは、咀嚼に対する適応のしかたには二つの「解」があるということかもしれない。

英語で〝high cheekbones〟という表現がある。本来は、頬骨が出っ張っていて、(子ども顔ではない)成熟した男女の強さを表すことだが、同時にオリエンタルでエキゾチックな感じがするということらしい。ただし、東アジア人のように頬骨がやたらに出っ張っている状態ではなく、眼の下方外側が少し突出し、頬に影ができる状態で、頬骨がほとんど隆起しない状態であり、欧米人にはそれが魅力に感じるらしい。だから、最近のモデルの多くはhigh cheekbonesの持ち主か、あるいは化粧でそう見せかけている。『マレフィセント』で魔女を演じたアンジェリーナ・ジョリーのhigh cheekbonesが、憧れの的なのだ（図2－19）。

図2-19　アンジェリーナ・ジョリー（Gage Skidmore）

耳も顔のうち

ヒトの耳（耳介）は、ほかの多くの哺乳類とは違って、頭の上でなく頭の横についているように見えるのも、イヌには奇妙に映るだろう。それには、二つの原因がある。

一つは、ヒトの頭が大脳の発達によって異常に膨隆したためであり、もう一つは、ヒトの耳介がほかの大部分の哺乳類のように上方に発達することなく、外耳孔の近くに縮こまったからだ。外耳孔が顎の関節の直後に位置しているという点では、ほかの哺乳類と同じである。耳介が退化しているのは、多くの霊長類も同様であり、ヒト独自の特徴ではない。つまり、樹上では外敵が迫るのを音で関知する必要性が低いから、聴覚が退化し、耳介も小さくなったといえる。

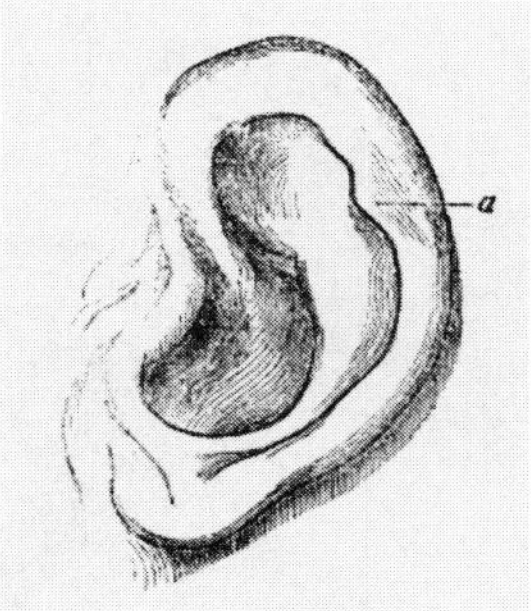

図2-20　ダーウィン結節
「a」の部分（ダーウィン『人間の進化と性淘汰』より）

耳介の外面に毛がないのは、顔に毛がない高等霊長類の特徴なので、顔の毛がなくなったときに、一緒になくなったと考えられる。その意味では、耳は顔の一部といえよう。もちろん、系統発生的には、哺乳類の耳小骨のうちでツチ骨とキヌタ骨は爬虫類の上顎骨と下顎骨を構成する骨だったことがあるので、耳が顔の一部であることに矛盾はない。

なお、ヒトの耳介の上部には、内側を向いた小さな軟骨の突起がある（図2－20）。それがイヌのような耳介の先端の名残であることを報告したのは、かのチャールズ・ダーウィンである（だからこの突起は「ダーウィン結節」と呼ばれている）。

男性が年をとると、耳珠（外耳孔の近くの小さな膨らみ）に毛が生えるが、なぜだかはわからない。先祖返りではない。

オトガイはサピエンスの象徴か

ほとんどの読者は初めて目にするだろうが、「頤」という字がある。訓読みは「おとがい」、音読みは「イ」である。本来の意味は、「食べさせて養うこと」らしいが、身体の部分としては、下顎、とくに下顎の先の突出した部分を指す（図２－21）。

このオトガイが発達しているのは、我々ホモ・サピエンスの特徴といわれる。サルや原始的な人類では、歯列が前に突出し、顎の先は引っ込んでいるので、下顎骨の前半部は舟の舳先のような形をしている。サピエンスでは、歯列全体は縮小し後退したが、下顎骨底の前端が後退していないので、オトガイとして突出していると説明される。

では、なぜ、そこだけが後退しなかったのか。

一説には、下顎骨底前端の内側には舌の筋肉がついているので、舌の動きをよくするため、つまり、言葉をしゃべるためといわれる。あるいは、全体としてＵ字形に曲がっている下顎骨を補強するためともいわれる。

しかし、私は喉頭を圧迫しないためだったと解釈している。ヒトでは喉頭が頸の中ほどにあるので、うつむいたときに、下顎骨底前部がサルのようにすぼまっていたら、喉頭が圧迫されて窒息してしまう。そこで、下顎骨底前端を拡大してスペースを確保しているのであろう。

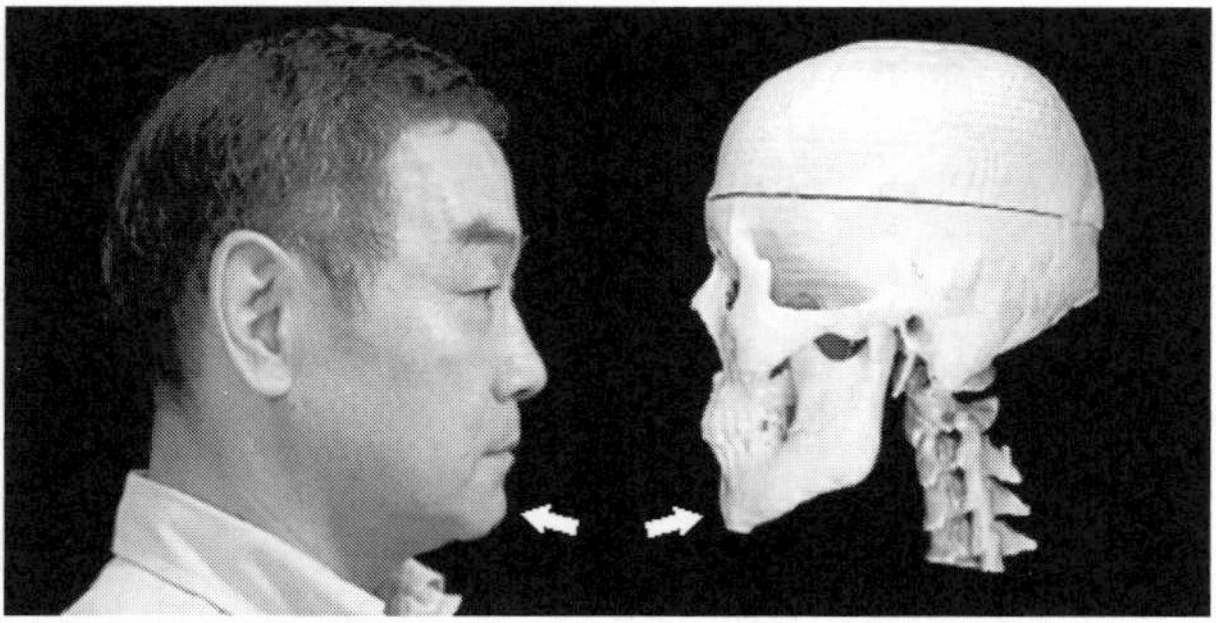
図2-21　オトガイの位置（筆者と、CT復元した筆者の頭骨）

オトガイの幅は、一般に男性では広く、女性では狭い。これは、男性の喉頭が女性よりはるかに太いことと関係する。また、下顎骨のオトガイの下前面には、骨が過剰に形成されている部分があり（「オトガイ結節」という）、とくに男性では発達している。そのため、男性では顔が細くてもオトガイが広く角張っていることが多く、女性では顔が広くてもオトガイが狭く尖っていることが多い。

　オトガイの下端、正中部には、頤下切痕という窪みがある。それがなぜできるかは、顔面筋の圧迫によるともいわれるが、よくわかっていない。男性に顕著で、女性では珍しい。これは男性でオトガイ結節が過剰に発達することによって強調されている。いわゆる「顎の先が割れている」ことであり、アメリカの漫画やアニメのヒーローの顔を見るとわかるように、強い男の象徴として機能している。

顔の髭と眉毛

ネコなどの長く太いヒゲは、洞毛といい、普通の毛とは違ってきわめて高度な触覚がある。洞毛の生えている皮膚の分布は、脳細胞表面の分布に対応しているので、接触した外界の形状の探索装置として機能している（図２－22）。ホシバナモグラの鼻の先に花びらのように開いた肉突起の機能とも似ている。洞毛は、ヒトを含めた真猿類（直鼻猿類）ではほとんど発達していない。それは、昼間の行動に関連して視覚が発達したためと解釈されている。

ヒトと真猿類の耳とその周りには、毛が生えていない。表情表出のために顔の皮膚を露出したとしても、耳まで露出する意味はないはずだが、なんとも説明がつかない。

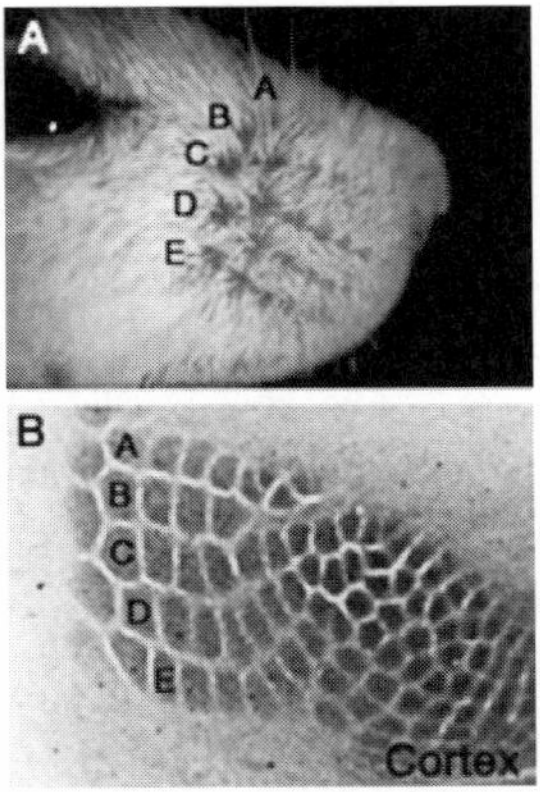

図2-22　マウスの洞毛と脳細胞の対応
皮膚表面の洞毛の分布と、それに対応する脳細胞（「脳科学辞典」より）

髭は前述のようにいわゆる第二次性徴として、男のシンボルとしての機能を持っている。髭の伸びる長さは季節によって変わるという運動生理学者の小野三嗣の研究があり、９月に最も伸びるとのことだ。これは、気温が高いほどよく伸びるのか、それとも、冬に備えて防寒のために体毛を増やしているのか、判断が難しい。体毛全体で伸びる長さを測ればよいのだろうが、それも実際には難しい。

アラブ社会では、髭が生えていないと女性とみなされることもあるとは前にも述べたが、自然のままにするのが当然と考えているのだろう。ローマ時代には、髭を剃るのは、隷属の印だったともいわれる。男としての主張を抑制されてしまったのだろう。官僚やサラリーマンでは組織隷属の象徴でもあった。

前立腺がんや精巣がんの進行をおさえるために男性ホルモン遮断剤を服用すると、頭髪は増え、体毛は減るが、髭は変わらない。場所によって、ホルモンに対する反応性が違う（組織特異性）のは興味深い。

人類集団の地域による違いという視点では、髭が薄いことは寒冷適応で説明できても、濃いことは説明できない。西アジア地中海地域でとくに濃いのは、セックスアピールを女性が強く求めたのか。あるいは男どうしの見栄の張り合いだったのだろうか。

西アジアの人々では、男性どころか女性でも、眉が濃く、左右がつながっていることもある。眉毛は、年齢とともに正中部分から少なくなる。若いときは左右がつながっていた人も、左右に分かれ、外側だけが、三角形に残り、好々爺の顔になる。

眉と眼の間は、アジア人では広く、ヨーロッパ人では狭い。ヨーロッパ人は眼窩が窪んでいるので、眉と上眼瞼の間の皮膚が奥にたくし込まれたためにそう見えるのだろう。しかし、それだけでは十分な説明ができない。

齢をとると毛がどのくらい白くなるかは、頭部顔面のみならず身体でも部位によって違う。組織特異性が場所によって違うからだろう。頭髪などに関しては、前出の理髪店の親父さんによると、鼻毛が白髪の基準になるという。奥が深い。

ソバカスとホクロ

これらは、メラニン色素が過剰に生産されたものであり、ある意味では「皮膚の病気」とも言えるが、ここでは健康に影響がない範囲のものを扱う。

色白・ソバカス・赤毛の三つ揃いは、まとまった遺伝子によって支配されているらしい。スコットランドの人に多いのは、メラニン色素が少ないからだ。そのため、日焼けしやすくなってソバカスも増える。色白でソバカスの多い『赤毛のアン』の主人公が住むプリンス・エドワード島も、ノヴァ・スコシア（「新スコットランド」という意味）の隣にある。『風と共に去りぬ』のスカーレット・オハラの名前も、赤毛に由来している。なお、ヨーロッパ人の間では、赤毛の女性は気が強いと思われるらしい。

日本では「艶黒子《つやぼくろ》」という表現があり、ある種のホクロが色っぽいといわれる。それは、ある程度の面積に色白の肌が広がっていて、その中にほどほどの大きさの黒いホクロがあると、対比が明瞭で、色っぽく感じるからだろう。しかも存在する位置が、唇より下方で、唇から離れていることが肝心である。目や鼻の近くでは対比効果が薄い。古くは木暮実千代、そして石川さゆり、さらには南野陽子のホクロは、位置が絶妙で色っぽい。

第3章

ヒトの顔はなぜ違うのか

地球上の人々の顔は、もちろん個人個人でも違うが、一般に「人種」と呼ばれる地域集団によってもずいぶん違う。あるいは性別によっても、大人か子どもかによってもかなり違っている。この章では、その違いは何によるものなのか、そして、なぜそのような違いが生じるのかを考えてみたい。

3-1 人種による違い

人種とは何か

まず、人種による顔の違いについて見ていこう。生物学的には、「種」(species)を構成する集団がいくつかに分かれ、地理的に隔離されていて、特徴は違うが交雑は可能である場合には、それぞれの集団を「亜種」(subspecies)と見なしている。ヒトの「人種」も、それにあたる。ただし完全な隔離でなく、若干の移行があっても、もちろんかまわない。

もっとも現代では、異なる人種が同じ地域に住むことも多く、混血も進んでいるので、人種の

アフリカ人
アフリカ系、黒色人種、ニグロイド、サハラ砂漠以南の人々

アジア人
アジア系、黄色人種、蒙古人種、モンゴロイド
（ただしインドや西アジアの人々を除く）

ヨーロッパ人
ヨーロッパ系、白色人種、コーカソイド
（アフリカ北部からインドに至る地域の人々を含む）

オーストラリア人
オーストラリア先住民、アボリジン、オーストラロイド
（ニューギニアやメラネシアの人々を含む）

表3-1　世界の人種の分類（4つに分けた場合）

区別や、地域による線引きは明確にはできなくなっている。

なお、「人種」とは生物学的な概念であり、どの人種に属するかは本人の意思とは関係ないのに対し、「民族」は文化的な概念であり、普通は生まれ育った集団であるが、本人が帰属したいという意思によって選ぶことができる。

人種の分類は、恣意的な面もあるが、４つあるいは３つに大別されることが多い。４つの場合は、表３－１のように分けられる。

３つに分ける場合は、オーストラリア人はアジア人に含められる。実際に、遺伝学的には両者は近い。

なお、「オイド（-oid）」とは、「のようなもの」という意味である。

人種の呼称は、差別とも関連するので、微妙

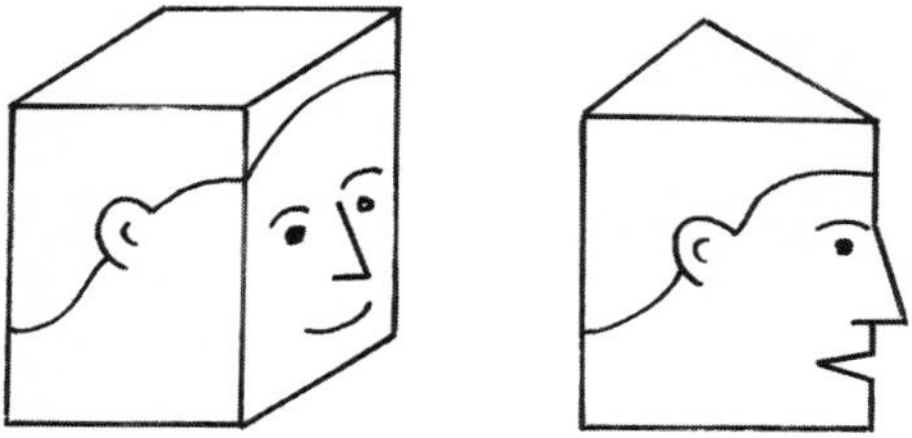

図3-1　アジア人とヨーロッパ人の顔の比較
アジア人（左）は四角柱、ヨーロッパ人（右）は三角柱
（香原志勢『顔の本』より）

なところがある。「ニグロ」は原義では黒いという意味だが、とくにアメリカでは強い侮辱になるので、不注意に使ってはならない。「蒙古」あるいは「モンゴロイド」は、ヨーロッパ人にとってはモンゴル人襲来を連想させ、21番染色体異常（トリソミー）のダウン症の別名としても使われたので、使わないほうがよいだろう（そもそも「蒙」には暗く無知という意味もある）。「コーカソイド」は、コーカサスがヨーロッパから西アジアにまで至るヨーロッパ人の故郷と思われていたこともあって、マイナスイメージをもたれてはない。ドイツの人類学者ヨハン・フリードリヒ・ブルーメンバッハは、コーカサス地方の女性の頭骨をヨーロッパ人の典型としている。

香原志勢は人種による顔の構造の違いを、寄せ木細工に見立てた模式図をつくって説明した。表3－1とあわせて見ていただきたい（図3－1）。特徴的なのは、アジア人とヨーロッパ人の顔の違いを四角柱と三角柱になぞらえて表したことである。ヨーロッパ人の顔は、正中部が突出し、外側部が後退しているが、アジア人の顔は、正中部の突出や外側部の後退がなく、平らであることがわかる。

では、人種による特徴の違いは、いかに生じたのだろうか。さらに我々は、人種による顔の違いをどのように意識しているのだろうか。

アフリカ人はなぜ髪の毛が縮れているのか

我々の身体的特徴の人種による違い（変異）は、ホモ・サピエンスが数万年前にアフリカから世界中に拡散していった際に、それぞれの地域の環境に適応した結果と解釈されている。もちろん、目に見える違いだけでなく、生理機能や病気に対する免疫などの違いもあり、適応ではなく偶然の結果もあるが、ここでは割愛する。

我々の祖先のサピエンスは、数万年前（６万年以上前ともいわれる）にアフリカにいたときは、現在のアフリカ人と同じような特徴を持っていたはずだ。たとえば、体型は細長く、手足も長かった。それは、暑い気候の中で、体熱を放散して、長距離を歩くために必要だった。平原に住む人々は身長が高く、森林に住む人々は小柄という傾向はあったが、手足が短い肥満体はありえなかった。

彼らは皮膚の色も濃かった。それは、日射を遮るために皮膚にメラニン色素を沈着していたからだ。毛や虹彩の色もメラニン色素が沈着して濃くなっていた。眼は、大きく二重瞼で（ただしサン族では例外的に一重瞼が多い）、やや窪んでいたことだろう。鼻は低く幅広かっただろう。

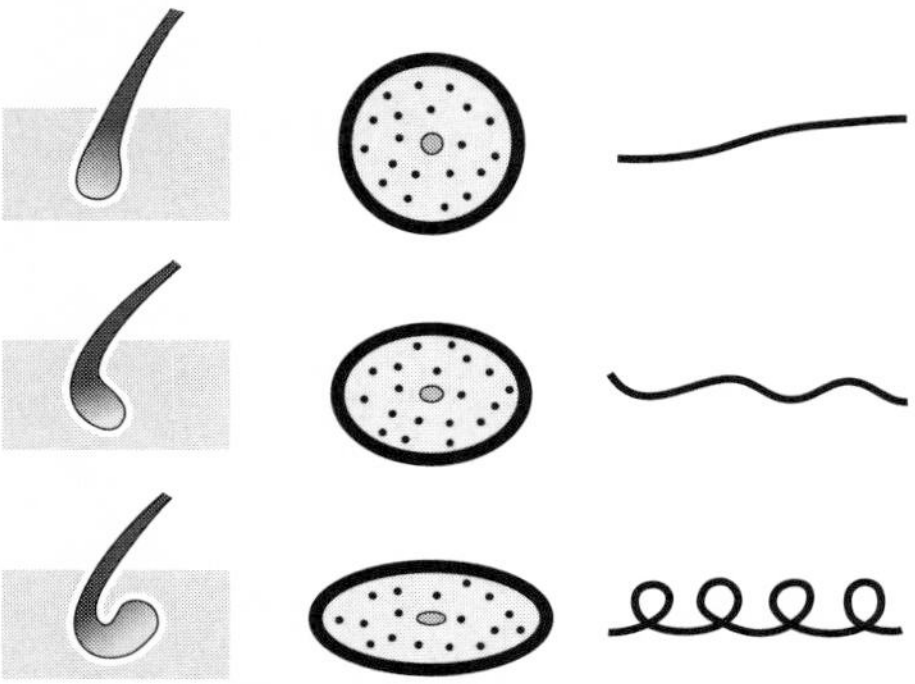

図3-2　毛髪の断面と縮れ具合の関係
上：直毛　中：波状毛　下：縮毛

アフリカ人の大部分は髪が縮れているが、アジア人の祖先の髪の毛が縮れていたかどうかは、判断が難しい。そもそも、霊長類で髪が縮れている種はないので、アフリカにいた祖先は特殊な適応があって髪が縮れたと考えられる。それはおそらく、縮れた髪の毛に汗を留めて、ゆっくり蒸発させることにより、頭の温度を下げる効果があったのだろう。もし、アジア人とヨーロッパ人の祖先であった6万年前の北東アフリカ人の髪が縮れていたら、アフリカから拡散したあとなぜ縮れなくなったのかの合理的な説明が必要になる。つまり、アフリカ以外の地では縮れた髪が不利になるような状況を説明しなくてはならない。ネアンデルタール人との混血による影響も考慮すべきだろう。

一般に、毛の縮れ具合は、毛の断面形状によって異なる（図3-2）。断面が円なら直毛で、楕円で扁平度が強いほど縮れている。ふつう、動物では毛がまっすぐなことが多い。ヒトの縮れた毛は、そこに水分や特殊な物質を溜め込んでおくための装置と解釈されている。

たとえば、現代アフリカ人の縮れた毛髪は、汗を溜めて徐々に蒸発させ、体温を効率よく下げることができると見なされている。アジア人でも、腋毛や陰毛が縮れているのは、毛根に開口するアポクリン腺の分泌物をまとわりつかせて発酵させ、その匂いを性的魅力として活用するためと解釈される。

北東アジア人は剛直毛が多く、長く伸びるので、日本女性の髪は「女の命」とまでいわれた。なぜ剛直毛になったのかはわからないが、最近、北東アジア人に多いシャベル型切歯をつくる遺伝子と、剛直毛をつくる遺伝子（ＥＤＡＲ一塩基多型３７０Ａ）が同じであることがわかったことは前述した。

ヒトが人種の違いを感じるとき

かつてヨーロッパ人は、キリスト教の影響もあり、自らの姿に近い神を頂点とし、ヨーロッパ人、アジア人、アフリカ人を経てゴリラやチンパンジーに至る階級があると認識していた。すなわち顔でも、肌の色が白く、髪はブロンド（「fair, blond」）に「正統なる価値」があるとされ、眼が大きく、額と鼻とオトガイが突出し、頬と口が引っ込んだ状態を理想的と考えた。そして人種の階級が下がるにつれ、若干の例外はあるが、これらの特徴が失われると見なした。

とんでもない人種偏見だが、これが今日まで、世界中の人々の顔に対する価値観に影響を与えてきたことは事実である。我々アジア人も、その呪縛からいまだに逃れられないことがある。

我々が人種の違いを最も強く意識する特徴は、皮膚の色である。それは、皮膚の色だけが集団内の変異よりも集団間の変異が大きいからであると解釈されている。たとえば身長なら、東アジア人よりアフリカ人のほうが平均としては高いが、東アジア人の中にもアフリカ人より背が高い人はかなり存在する。

しかし皮膚の色に関しては、東アジア人とアフリカ人を比べると、わずかな例外を除いて、人種的な違いが強く意識されることになる。色の白いヨーロッパ人の場合は、ほかの人々との違いがさらにはっきりしている。たとえばヨーロッパ人とアフリカ人の混血の場合は、ほんの少しでもアフリカ人の肌の色が混じると、ヨーロッパ人ではなくアフリカ人と認定されることになる。それが強い人種差別の原因にもなっている。

なお、集団によって皮膚の色に明確な違いがあることは、かつては、それが生存に重要な影響を与えたことを意味している（くわしくは後述する）。

もう一つ、人種の違いを強く意識させるのは、眼である。我々東アジア人は、一重瞼の小さな眼を見ても、見慣れているので何とも思わない。しかし、多くのヨーロッパ人やアフリカ人にとっては、人間の眼としてかなり奇異なものに感じられることが多いだろう（図3－3：もちろ

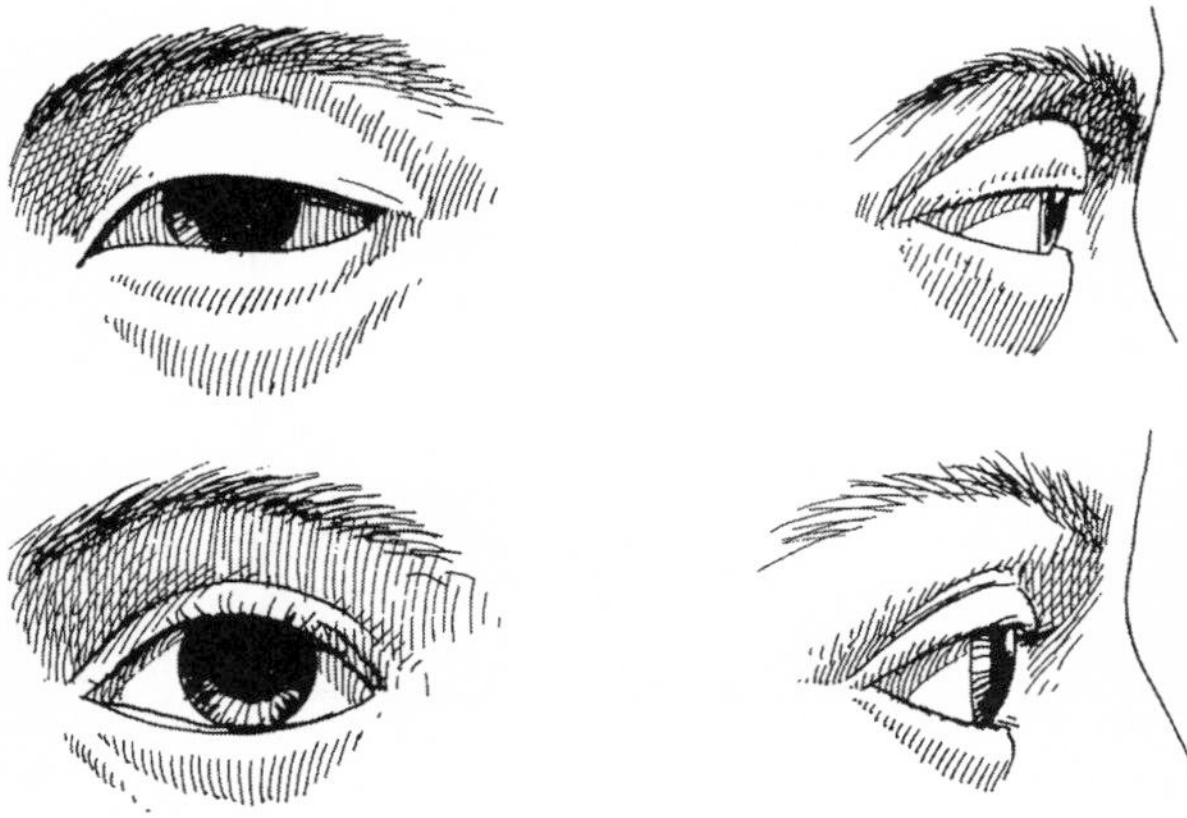

図3-3　アジア人の眼とヨーロッパ人の眼
上２点が一重瞼のアジア人、下２点が二重瞼のヨーロッパ人

ん、一重瞼に違和感を持たない、あるいは美的価値を持つ人々もいるのだが）。

ヨーロッパ人の中にも、年をとると上瞼の皮膚が垂れ下がって、眼（眼瞼裂）の一部が覆い隠される人がかなりいるが、瞼の皮膚をつまんで持ち上げると、眼が完全に現れる。それに対してアジア人の一重瞼は、いくら瞼を持ち上げても、ほとんど変わらない。一重瞼を二重にする美容整形手術は、二重のシワをつけるだけでなく、瞼の脂肪を完全に抜いて皮膚を引っ張り上げないと、ヨーロッパ人のようにはならないのだ。

鼻の高さ（隆起具合）も、人種による違いが強く意識される特徴である。ヨーロッパ人は鼻が高いとされる。それは前述したように、顔が小さいので、鼻腔が顔に収まりきれずに出っ張っているからである。頬が後退していることからも、鼻の高さがよけいに目立つ。それに対して、アジア人やアフリカ人は鼻が低く広いことが多いが、それは体のわりに顔が大きいので、鼻腔が顔の中に収まっているから、と解釈される。

また、ヨーロッパ人では、鼻が大きく湾曲するように隆起し、鉤《かぎ》鼻あるいはワシ鼻になることが少なくない（鼻眼鏡を安定してかけることができる）。

人種差別はやめよう

姿形が違うことにもとづいて何かを識別・区別するのは、認識の方法として当然のことであり、また、ふだんは見かけない姿形に違和感を覚えるのも動物として自然である。だが問題なのは、人種的偏見にもとづいて、差別をすることである。とくに、一部の集団が経済的・文化的・軍事的に優位にある場合に、その人々の特徴がよいとされ、そうでない人々が差別されることは避けなくてはならない。

一部の人類学者、とくに遺伝学者や文化人類学者の多くは、人種といわれる集団による違いは明白ではないので、じつは人種という概念は存在しないと主張している。しかし、違いが明白でない、あるいは境界がはっきりとはしていないから、人種という概念は意味がないとするのは単純かつ早計な考えである。私自身は、欧米で形成されたような偏見にもとづく人種概念（race, racism）はナンセンスであっても、地理的隔離による生物学的な亜種としての人種による違いはあった、そして現在でもあると考えている。

「違いがない」という考えにもとづいて人種差別に反対するのは、もし「違いがある」と証明されたときに、ならば差別してよいのだと誤解されるおそれがある。違いがあっても、それを認めることが重要なのだ。

肌の色が生死を分ける

人種による違いについて、もう少しくわしく見ていこう。初期のサピエンスが数万年前にアフリカから世界中に拡散した際、とくに北西ヨーロッパで暮らすためには、ある身体的な変化が必要だった。

日光に含まれる紫外線は、大量に浴びると皮膚の細胞のＤＮＡを傷つけ、皮膚がんを起こしたり、ビタミンＢの一種の葉酸を破壊したりする。ただし、紫外線をまったく浴びないと、皮膚の中でビタミンＤを合成できず、腸におけるカルシウムの吸収が低下し、骨の形成が阻害されることがある。結果として、子どもが成長できずくる病になったり、成人でも骨粗鬆症になったりする。このような状態は、高緯度のうえ冬は曇っていて日差し（紫外線）の少ない北西ヨーロッパでは、とくに深刻だった。そのため、皮膚の色が薄くないと生き伸びることはできなかったと考えられる。それが、ヨーロッパ人が白人であるゆえんであるともいわれているのだ。

実際に、産業革命が起こって石炭燃料による煤煙がひどかったヨーロッパで、日射し不足からくる病の子どもが急増したことがあり、疫学的に証明されている。ただ最近では、皮膚の色が濃い人がヨーロッパに住んでも、栄養状態がよいのでくる病になる例は多くはない。ビタミンDを含む肝油ドロップも出回っている。むしろ日本で、母親が過度に日焼けを怖れるため外に連れ出してもらえない赤ん坊や幼児がくる病になる例が報告されている。

なお、ダーウィンはヨーロッパ人の皮膚が白くなったのは、男性が色の白い女性を好んだためという性淘汰説を提唱して物議を醸したが、じつはそれも、あながち根拠がないともいえない。肌の透明感は、美容の専門家の意見を待たずとも誰でも理解できる（いや、感じられる）身体的魅力の重要ポイントである。とくに女性の場合は、性的魅力として男性に強力にアピールする。それは、表皮が薄くメラニン色素が少ないと、皮膚の深部まで光線が侵入し、深さに応じてそれぞれ反射して、それらの光が混合すると透明感として認識されるからである。

最近、レオナルド・ダ・ヴィンチが描いたモナ・リザなどの絵画の、肌の透明感の謎が解明された。ダ・ヴィンチは薄めた絵の具を何度も何度も重ね塗りしていたという。まさしく、実際の皮膚で起きていることを再現していたのだ。ただし、絵の具が乾くのに時間がかかりすぎて、普通はそのような描き方はまねできないものらしい。

ところで、ヨーロッパ人と同じように緯度が高い地域に住む北方アジア人の皮膚は、ヨーロッパ人ほど白くはならない。それは、アジア北部の大陸の空気が乾燥しているので、晴天が多く、日差しが強いからだ。しかも雪原の照り返しもある。

前述のようにメラニン色素には、黒色〜褐色のユーメラニン（真性メラニン）と赤褐色〜黄色のフェオメラニンとがあり、そのバランスによって肌や毛の色が違っている。アジア人の皮膚が黄色なのは、フェオメラニンが多いうえにカロチンが含まれているためである。

また、ヨーロッパ人に比べると、アジア人は表皮が厚いことも関係するらしい。ヨーロッパ人の皮膚がピンクがかっているのは、メラニン色素が少ないうえに表皮が薄く、毛細血管の血の色が透けて見えるからだ。

ところで、皮膚の色は一般には、毛の色の濃さと比例する傾向がある。だが、ヨーロッパの白人でも髪が黒色だったり、皮膚の色の濃いオーストラリア先住民の髪が薄い茶色だったりすることもある。これは、同じメラニン色素でも、皮膚と毛とでは（虹彩でも）形成のされ方に組織の特異性があること、また自然選択あるいは性選択のされ方が違うことを示すのだろう。

東アジア人の特徴としてよく挙げられるのは、尻の付近にメラニン色素が沈着する「蒙古斑」である（前述のように「蒙古」という言葉を使うのは感心しないのだが）。青黒く見えるのは、皮膚の深いところにメラニンがあるためだ。あとで述べるが、それは静脈が青緑に見えるのと原理は同じである。蒙古斑は東アジア人のほぼ１００％に見られるが、ほかの人種では見られないといわれる。しかし、解剖学者の足立文太郎や師岡浩三の１９００年代初めの研究によると、じつはアフリカ人にも80％ほども見られ、ヨーロッパ人にも20％ほど見られるそうだ。アフリカ人の場合は肌の色が黒いので目立たず、ヨーロッパ人の場合は数が少ないうえ沈着したメラニン自体も薄いので、事実上は目立たないということである。

なぜ特定の部分に蒙古斑があるのかは謎だが、ほかの色素性母斑（いわゆる痣《あざ》）と同様に、発生の途中で何らかの刺激によって起こるらしい。たとえば、狭い子宮内で、胎児の尻と腰が子宮壁に擦れたからかもしれない。

青い眼の秘密

では、ヨーロッパの白人に、虹彩が青く見える人が多いのはなぜだろうか。人体にはもともとは、青い色素はないはずだ。それは、空が青いのと同じ「レイリー散乱」の結果である。

太陽光線のうちの青色光線は、空気の分子や微細な粒子によって他の色より多く散乱されるので、空が青く見えている。それと同じことが、メラニン色素のほとんどない虹彩を光が通過するときに起こり、青い光が散乱して見えるので虹彩が青く見えることになる。

メラニン色素が少しあると、散乱した青色にメラニンの薄茶色が混ざって、虹彩は緑色になる。ほかの色も、ユーメラニンとフェオメラニンの割合や、色素の大きさと分布具合などが混ざってつくられる。わずかに血の色が混ざってつくられるヴァイオレットの虹彩はきわめて珍しく、とくに女優エリザベス・テイラーのヴァイオレットの虹彩には、引きずり込まれてしまう魔力があった。映画『クレオパトラ』で、彼女が演じるクレオパトラの魅力にカエサルとアントニウスが溺れるのも納得できる（図３－４：ただし実際には、クレオパトラは美人ではなかったといわれているが）。

なお、青い眼ができるには、眼球内部の脈絡膜（網膜と強膜の間の膜）にメラニン色素が多量に含まれ、光をほぼ完全に吸収することも重要である。そうでなかったら、眼球内部で反射した光が、虹彩で散乱した光に混じるので、きれいな青色にならない。それは、空が青色になる際に、背景が宇宙の暗黒だから成立するのと同じ理屈である。乳幼児の白眼が青みがかって見えるのも、前述したように白眼の部分の強膜が薄く（その表面を覆っている結膜もきれいなので）、内部の脈絡膜の黒色がわずかに透けて見えて、蒙古斑と同様の効果をもたらしているからだ。

図3-4　クレオパトラを演じるエリザベス・テイラー

また、青色の眼のように虹彩のメラニン色素が少ないと、強い光線が虹彩を通過してしまうので、まぶしすぎてものがよく見えない。だから、そのような人々はサングラスをかけるのだ。もっとも、虹彩が濃い人でも、水晶体の白濁（白内障）を防ぐためにはサングラスをかけたほうがよいそうだ。

虹彩の色を決めている遺伝子はＥＹＣＬ１とＥＹＣＬ３であり、両方とも劣性（潜性）の場合、青い眼になるといわれていた。しかし２０１７年になって、６０００年から１万年前に黒海の近くの一人の女性に起こった突然変異から、青い眼がヨーロッパ中に拡がったとの研究結果が発表された。もしそうなら、単なる環境適応ではなく、ダーウィンが主張した性選択によって、白い肌と同様に急速に拡がった可能性がある。もっとも、ヨーロッパ人の起源に関する最近の研究によると、北ヨーロッパ人の大部分は、現在のロシア西部に住んでいた狩猟民らしいので、つまりは黒海の近くの青い眼を持った集団が大量に移住してきたとも考えられる。

静脈はなぜ青いか

静脈が青緑に見えることにも、青い眼と同じ原理が働いている。皮膚の色が薄い場合には、皮膚に当たった光は、表面で吸収されるだけでなく、皮膚を透過する。そして、わずかに青色が散乱する。しかし、透過した光は皮下脂肪や靱帯や筋膜によって多くが反射され、もどってくるので、青色はまったく目立たない。そして毛細血管の血の色と、わずかのメラニン色素の褐色が混ざって、いわゆる肌色に見える。

ところが、静脈血は集まると暗赤色を呈するので、太い静脈に当たった光は、ほとんどすべて静脈血によって吸収されてしまう。すると、静脈の上の皮膚で起こっている青色散乱の青とわずかのメラニン色素の褐色が混ざって、静脈が青緑に見えるというわけだ。とくに、肌の色が白く透明感があると目立つことになる。女性の場合、セックスアピールにもなることは前にもふれた。

なお、年をとって皮膚が薄くなると、静脈血の赤黒さが目立って、静脈が紫色に浮き出るようになる。こうなると、色気どころか、みっともない。じっと、わが手を見る。

寒冷気候に適応した眼と鼻

暑いアフリカに住んでいたサピエンスは、厳寒の北方アジアにまで拡散した。それはなぜ、どのようにしてなされたのだろうか。

冬には零下50度にもなるところで暮らすには、３万５０００年ほど前に発明された「縫い針」によって、動物の毛皮でつくられた気密性の高い衣服などの技術的な発達が不可欠だったが、それだけでなく身体も徐々に変わっていったと考えられる。肝心なのは、体熱の発散を抑え、凍傷にならないことだった。そのためには、胴体に比べて腕や脚が短く、そして手足の末端が短いほうがよかった。さらに皮下脂肪を蓄え、肥満体になった。では、顔はどのように変わっただろうか。

まず、眼球を寒さから守ることが必要だった。とくに血管が分布しない角膜は寒さに弱い。そのために、眼瞼裂が小さくなり、瞼も皮下脂肪が溜まって一重になった。さらに目頭には、内側眼瞼ヒダあるいは蒙古ヒダ（蒙古という表現は好まないが）とよばれる皮膚ヒダが形成され、涙の溜まる涙湖の部分を覆ったことで、独特な印象の眼が生まれたのである。

なお、瞼の皮下脂肪が厚いと、上瞼が庇のようになって、斜め上方からの日差しを遮るので光がまぶしくないという解釈もある。ヨーロッパ人の場合は、瞼が薄くても、眼が引っ込んでいて眉の部分が突出するので、同様の効果がある。

また、冷たく乾燥した空気を暖め、湿気を与えるために、鼻腔が大きくなった。しかし鼻を高く突出させるのではなく、大きくなった顔の中に収容したと考えられる。

もちろん、こうした変化は一人の個体が生きている間に起こったのではなく、寒さに耐える特徴を持つ人々が子孫をたくさん残せたので、集団全体としてそのような特徴を持つようになったのである。

厳寒の地では体毛が薄くなる

さらに挙げるなら、シベリアの北方アジア人は眉や髭が薄くなり、体毛も少なくなった。それは、吐く息の水分が毛についてツララになると、凍傷を起こすからだと解釈されている。唇は口の中の粘膜がめくれて露出したもので、皮下脂肪がないから寒さに弱い。だから、唇も小さくなったのだろう。耳たぶが小さくなったのも、子どものころに霜焼けになった経験があればわかる（もっとも、それは命に関わるとはいいがたいが）。

厳寒のため体毛が少なくなることは、じつは腋臭《わきが》や耳垢とも関係してくる。汗腺の一種であるアポクリン腺は、毛根に開口し、タンパク質を含んだ汗を分泌する（図３－５）。そして分泌物を陰毛や腋毛にまとわりつかせて（だから陰毛や腋毛はやや縮れている）発酵させ、その匂いがセックスアピールとして作用する。しかし匂いを嫌う文化のおかげで、腋臭という日陰者扱いする名前がついた。ところが北方アジア人では、おそらく毛が少なくなったことにより、アポクリン腺も少なくなって、腋臭が弱い、あるいはない人が多くなったのだ。

耳垢については、じつは外耳道に生え

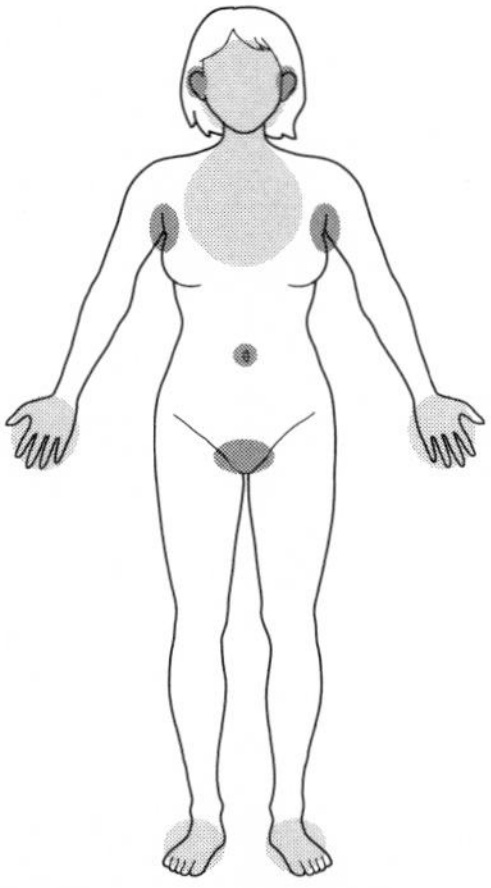

図3-5　ヒトの身体でアポクリン腺が多い部分
黒がアポクリン腺、グレーはエクリン腺

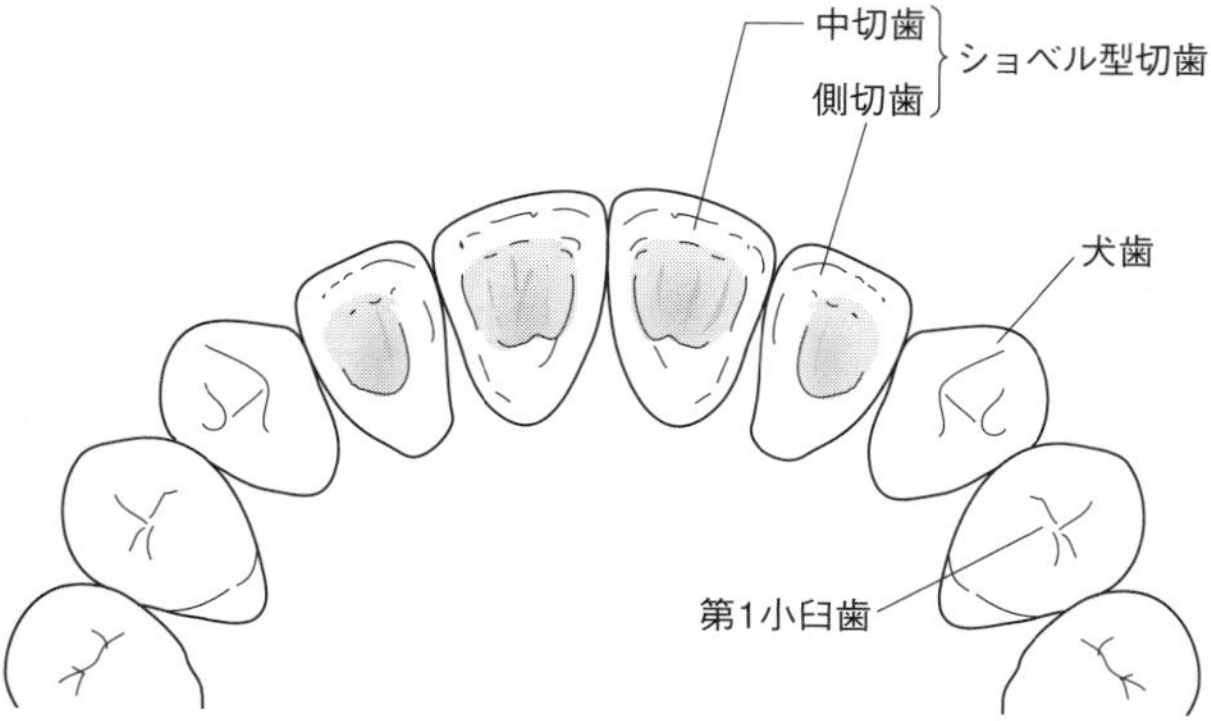

図3-6　シャベル型切歯

ている細い耳毛（「みみげ」ではなく「じもう」）の毛根にもアポクリン腺があり、その分泌物に特有の匂いと苦味によってダニ、ノミ、シラミ、ナンキンムシなどの隠微な虫を遠ざけている。試しに耳垢をなめてみると、よくわかる。そして、この分泌物が多いと耳垢が湿り、少ないと乾く。だから外耳道にもアポクリン腺が少ない北方アジア人には、耳垢が乾いている人が多いのだ。おそらく厳寒の地では、それらの害虫が少ないので、アポクリン腺の分泌物が少なくても差し支えなかったのだろう。シラミは厳寒の地でも人体に密着して住んでいたはずだが、毛や服の隙間にしがみつく性質があるので、耳の孔には入らなかったのだろう。

咀嚼器官も変わった

厳寒の気候に対する適応として、凍った肉を食べたり動物の皮を鞣《なめ》したりするために、歯と顎が大きく頑丈になり、顔全体が大きくなるという、間接的な変化も起こった可能性がある。とくに、シャベル型切歯とよばれる大きく頑丈な歯を持つ人が増えたと考えられる。シャベル型切歯は、切歯の裏側の両端が補強構造として隆起し、中心が窪んで、文字通りシャベルのような形をしている（図３‐６）。それは、上顎の切歯２本が目立つ、いわゆるウサギ顔の起源でもある。

また、頬骨が発達し、顔が平らになったのだろう。それは頬骨の後ろには側頭筋があり、下面には咬筋が付着するので、これらの筋肉が発達すると頬骨が大きくなり、前方と外側に押し出されるからである。

なお、冷たく乾いた空気を暖かく湿らせるために、副鼻腔の一つである上顎洞が大きくなり、頬骨をさらに押し出した。その結果、ある意味では、１７５万年前にいた頑丈型猿人に見られた、中央が窪んだ皿形の顔に似たものになったともいえる。江戸時代には、そのような顔は、「中高」の反対で、「ぐるり高」ともいわれた。

3-2 性別による違い

同種の生物のオスとメスは、もちろん、ほとんど同じと言ってよいほど似ている。しかし、たとえば我々ヒトではオスとメスの生殖器官はまったく違う。いわゆる第一次性徴である。そして生殖器官の違いとは別に、やがてオスとメスには、第二次性徴としての違いも現れてくる。オスとメスとが、そのような存在であることを「性的二型」と呼ぶ。では、そうした違いは顔にはどのように現れるのだろうか。

ヒトの性差は何のためか

身体の大きさに関しては、平均としては男性のほうが女性より大きいことは常識である。男性は骨が大きいだけでなく、長さのわりに関節が太く、筋肉も発達している。これは、長い人類進化の過程において、男性がほかの動物に対抗する高い戦闘能力を持つため、あるいは狩猟の際に大きな荷重に耐えるために得られた特徴といえる。

なお、霊長類を含めた多くの動物を見ると、基本的に体力勝負なので、一頭のオスが多数のメスを占有する種では（単雄複雌）、オスの身体がメスに比べて非常に大きい。しかし、ヒトでは、男性と女性の身体の大きさは少ししか違わない。それは、人類進化の過程で、我々の祖先が、一夫一妻による家族関係を構築し維持してきた証拠と解釈される。ちなみに、農耕社会が始まると蓄えられた経済力によって多くの女性を占有したり、現代でも性的魅力によって多くの女性を占有したりする男性もいるが、普通の男性にとっては一人の女性を占有するのがやっとである。

ヒトの女性の特徴として顕著なのは、骨盤の大きさと皮下脂肪の分布である。女性の骨盤は、じつは身体の大きさのわりには男性より少ししか大きくないのだが、産道となる部分が広いのだ。女性の尻が大きく見えるのは、主に皮下脂肪が集中する結果であり、それが性的魅力にもなっている。同様に、乳房に皮下脂肪が蓄積するのも、性的魅力のためといわれている。

テキサス大学のデヴェンドラ・シン博士らの研究によると、実際に男性の多くは、全体として太いか細いかにかかわらず、胸（乳房）と尻（骨盤）が大きく、ウエストのくびれた体型の女性を好むことがわかっている。それは、自分のＤＮＡを受け継ぐ赤ん坊をうまく産んで育ててくれそうなサインと見なすからだろう。胸と尻が大きいだけでなく、ウエストがくびれていれば、妊娠によって腹腔の容積が著しく増加しても、それを吸収する余裕があるように見えるのだ。さらに女性は、腕や脚にも皮下脂肪が多く、丸みのある柔らかい、あるいは子どもらしい印象を演出している。男性は、それをも性的魅力として感じることになる。

皮膚の色には、明確な性差があるわけではない。肌の色が白く透明感があることが女性の性的魅力になることは、前にも述べた。

エジプトの南部では、人々の肌はかなり色が濃いが、個人的変異が大きい。私が現地で調査中に多くの人から聞いたところによると、男性は肌の色が濃いほうが強そうでよいが、女性はやはり、肌の色が薄いほうが魅力があると感じられるとのことだ。そのような価値判断による性的選択が、変異が大きいことの原因かもしれない。

顔の魅力は性差が影響

顔の魅力は、さまざまな要素から醸し出されている。男女とも、顔の部品のバランスがとれていることは重要だが、性差がそれぞれの魅力と感じられていることも多い。

たとえば、部品の造作が大きく、ゴツゴツしていたり、鼻や顎がしっかりしていて、眉が濃く、髭がある、という特徴は女性から見て男性の魅力となるし、鼻や顎が華奢で、眉は薄く、髭はほとんどない、という特徴は逆に男性を惹きつける女性の魅力となる。

このような違いは、成長の進展程度の違いと理解されている。つまり、女性は子どもの状態をかなり維持して成人するが、男性はさらに過剰に成熟した、あるいは老化した状態になるというわけである。

たとえば、かつて夫婦だったトム・クルーズとニコール・キッドマンの鼻を交換するとどうなるか、想像してみるとよい。

トム・クルーズの鼻は、鼻骨と上顎骨前頭突起が高く幅広く隆起して、横から見た稜線は凸に湾曲し、男性的なパワーと意志を表している。鼻翼は広くはないが、鼻尖がやや広く垂れ下がり、成熟した状態に該当し、判断力と知恵を示しているように見える。

かたやニコール・キッドマンの鼻は、高く隆起しているが、幅が狭く、稜線も鋭く、横から見て凹に湾曲しているので、意志や自己主張は控えめな印象になる。鼻翼は狭く上品で、鼻尖は上を向き、子どもの状態を示しているので、いかにも女性的といえる。図３－７を見れば容易に想像できるように、二人の鼻を交換したら、どちらも即座にスターの座から転落するだろう。なお、ジョージ・クルーニーの鼻は男性としては控えめで、男女どちらでもよさそうだ。

顎の形も、とくに欧米社会では男性の力強い意志と実行力の象徴となっている。だからアメリカの映画や劇画のヒーローは、顎が角張り、オトガイが割れていることが多いのだが（図３－８）、最近の日本のアニメの登場人物には、細長い逆三角形の顎が多いのは気になってしまう。私などはそこに、何とも不健康な幼児性が感じられてならないのだ。なお、男性のオトガイが幅

図3-7　男女の鼻を交換してみると
トム・クルーズとニコール・キッドマンの鼻を交換した図（下２点）
(MTV Live)

図3-8　アメリカのヒーローのオトガイ
割れたオトガイが強調されている（図は「キャプテン・アメリカ」）

広いのは、女性に比べるとはるかに太い喉頭を圧迫しないためと見なされるのは前述したとおりだ。

一般には男性の髭も、性的魅力になると考えられていることは繰り返し述べてきたが、髭の濃さは個人によって、あるいは集団によってずいぶん違うのはなぜだろうか。原因の一つは、性的魅力と感じるかどうかが、個人によって、あるいは集団によって違うということなのだろう。もう一つは、先に述べた寒冷適応の一つとして、北東アジア人では髭が少なくなったことだろう。それでも西アジア人とアイヌの人々に髭が多いのはなぜなのかは、うまく説明できない。

なお、歯の大きさは、男女によってわずかしか違わないので、性的魅力とはならない（むしろ顎が小さい女性のほうが、歯並びが乱れることが多い）。

3-3 角度や表情による違い

あなたはさまざまな動物の顔を、正面から見た顔で認識しているだろうか。それとも横顔で認識しているだろうか。と尋ねられても、そんなことはふだん考えたこともないだろう。

ネコ、サル、フクロウなどは、正面顔として認識されることが多い。それは二つの眼が正面を向いているからだ。一方でサカナ、ウマ、ハトなどは、眼が横についているので、横顔として認識されることが多い。微妙なのはイヌである。漫画に描かれたものや、自分の飼い犬はおそらく正面顔で認識しているが、一般的なイヌを認識するのは横顔という人が多いかもしれない。

アジア人には横顔がない

ヒトは、一般には正面顔で認識され、パスポートの写真も正面顔である。では、我々は、横顔ではお互いを認識しているのだろうか。横顔で他人を識別できるのだろうか。

ヨーロッパ人は鼻が高く隆起し、頬が引っ込んでいるので、横顔でも個体識別することが可能

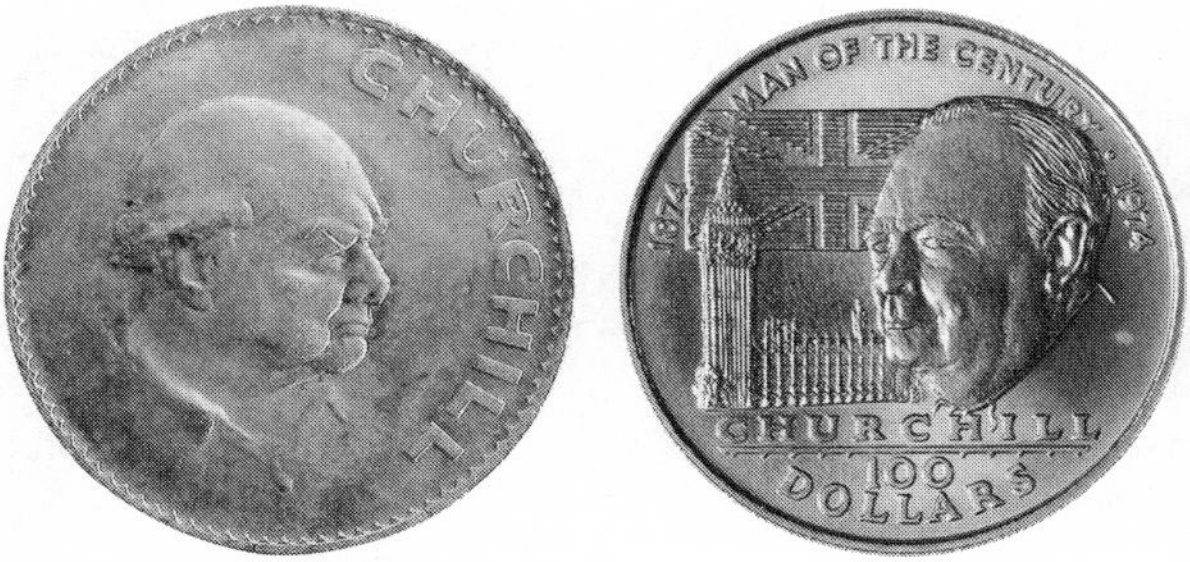

図3-10　チャーチルの顔が彫られたコイン
横顔（左）や斜め正面（右）など、いくつかの種類がある

である。ところがアジア人は、稀な例外はあるが、一般には横顔では個体識別ができない。

紙幣に印刷された偉人の顔は、斜め正面のことが多いが、コインに刻まれる顔は、必ず横顔である。それは、コインに顔を刻みはじめたのがヨーロッパ人（西アジア人も含む）だったからだ。もし、東アジア人がコインに横顔を彫ろうとしても、個体識別ができないのであきらめざるをえなかっただろう。かと言って正面顔や斜め正面顔を刻もうとしても、当時の技術では難しかった。イギリスの元首相チャーチルのコインは何種類かあるが、じつは完全な横顔だけでなく、やや斜め、正面に近い斜め、正面などいくつものバリエーションがある（図３-10）。それは、チャーチルの顔がヨーロッパ人としては比較的平坦で、真横顔では個体認識が難しいからだろう。

横顔を表す言葉は、英語なら「profile」、フランス語なら「profil」、ドイツ語なら「Profil」であり、実際の横顔

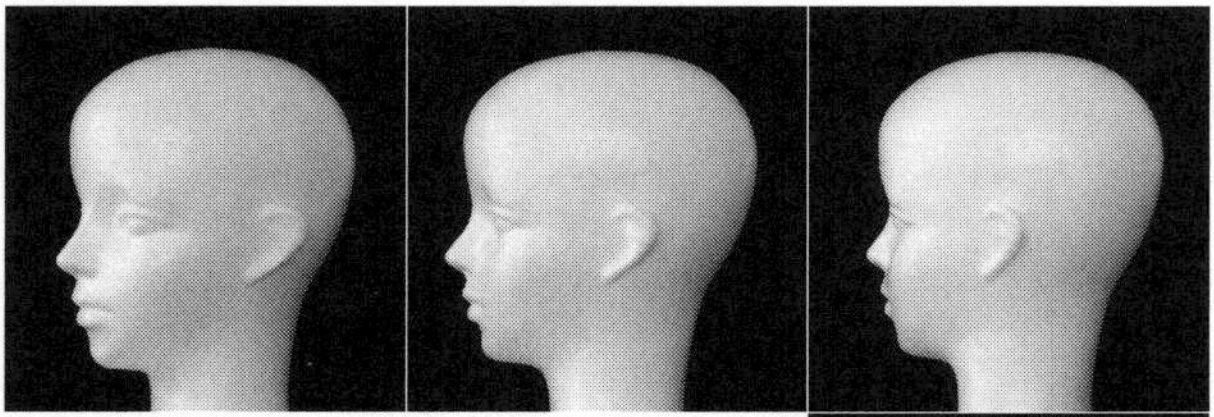

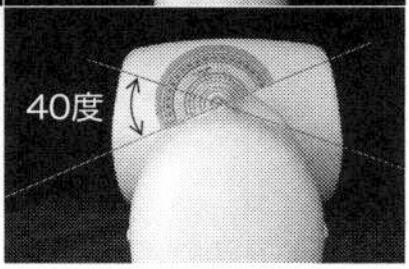

図3-11　横顔として認識される範囲
左：右眼がぎりぎり隠れた状態　中：真横
右：鼻が左眼に隠れそうで、唇も左頬に隠れそうになる
左から右の間が横顔として認識され、その範囲はこの顔の場合、約40度である（右下）

だけでなく、その人物の実像や特徴を示してもいる。犯罪捜査の「profiling」も、個人の具体像を浮き上がらせることである。日本では、「横顔」という言葉には正面からは見えない意外性のある側面、あるいは付加的な一面という意味がある。洋の東西で横顔の意味はずいぶん違うのだ。それは生物学的な違いが基礎となっているのだろう。

どれくらいずれるまで横顔と見なせるかを知るために、ヒトの顔における横顔の定義をしておこう（図3－11）。たとえば、ヒトの顔の左側に立ち、左前方から顔を見ながら、徐々に左後方に移動した際に、右側の眼あるいは頬が鼻に隠れはじめる角度から、真横を通り過ぎて、鼻が左側の眼あるいは頬に隠れる角度まで見える顔を横顔とする。つまり、顔の正中の輪郭が連続して見える範囲を横顔とすると、ヨーロッパ人ではその範囲が30度くらいあるが、アジア人では範囲がきわめて狭く、大部分は0度になる。つまり、東アジア人の大部分には、ヨーロッパ人のような横顔は存在しないに等しい。だから私たちは横顔で個人認識をしないし、識別はほとんどできない。

表情の人類学

同じホモ・サピエンスでも、集団によって表情の表し方に違いがあることはよく知られている。アジア人は控えめだが、ヨーロッパ人やアフリカ人は大げさといわれる。そして、その違いの原因は、主に背景としての文化的あるいは心理的な違いによると考えられている。

ところが、表情を表すための顔面筋にも、じつは生物学的特性があり、そこに集団差がある。そのことを発見したのも、香原志勢である。文化の違いだけではないのだ。以下には、香原の『顔と表情の人間学』の内容を紹介しながら、表情の違いの生物学的特性をみていく。

①片眼つぶり

片眼つぶり（ウインク）が上手か下手か。それを香原は次のように分類した。

・顔が歪まずに、反対の眼にまったく影響を与えずにできるなら完全（＋）。
・片眼をつぶれるが、反対の眼が動いたり口が曲がってしまったりすると不完全（±）。
・そもそも片眼つぶりがまともにできないなら（－）。

香原が調べた対象は、アメリカのヨーロッパ人（国籍や出身ではなく人種としての：アイオワ

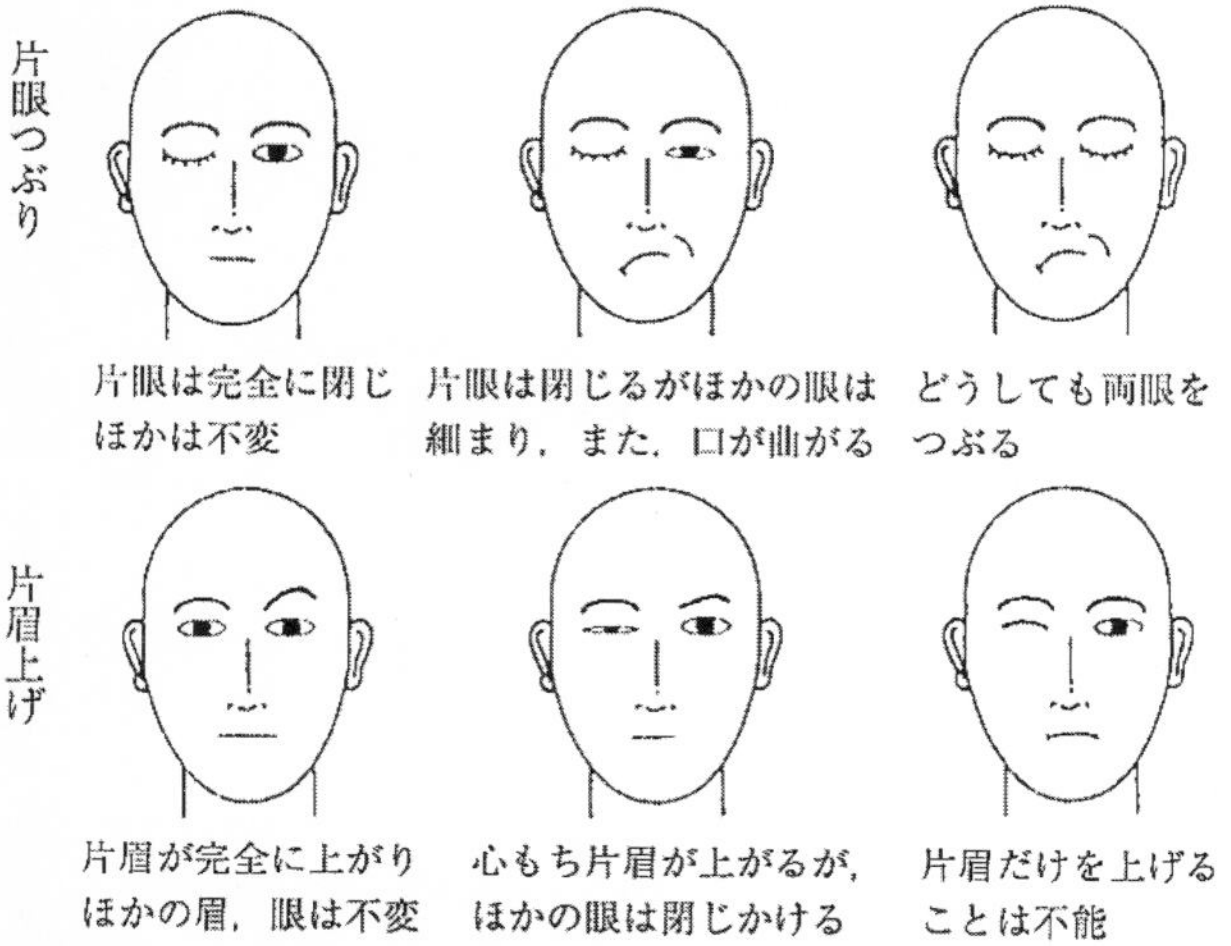
片眼つぶり
片眼は完全に閉じ
ほかは不変
片眼は閉じるがほかの眼は
細まり，また，口が曲がる
どうしても両眼を
つぶる
片眉上げ
片眉が完全に上がり
ほかの眉，眼は不変
心もち片眉が上がるが，
ほかの眼は閉じかける
片眉だけを上げる
ことは不能

図3-12　ウインクと片眉上げの得手不得手の分類
（香原志勢『顔と表情の人間学』より）

大学と国際基督教大学の学生）、中国人と東南アジア人（日本に留学中の学生で、中国人は東南アジアの華商の子弟が多い）、日本人（信州大学の学生）である。

その結果を見て香原は、被験者数は少ないが、アメリカのヨーロッパ人、とくに女子は非常に片眼つぶりがうまい。しかも注目すべきことに、性差が日本人と逆である。また、中国人は、男子はうまい者が多いが、女子はうまくない者が多いことから、片眼つぶりには文化的要因もかなり加わっているが、人種差あるいは民族差といえるものがあることがわかる、と指摘している（図3－12）。

②片眉上げ

香原は片眉上げについても調べ、人種差は歴然としていて、右でも左でも、ともかく片方の眉を上げることができる者はアメリカの白人でだいたい半数であるが、中国人、東南アジア人、日本人ではできる者の率が非常に低い。つまり、アジア人はヨーロッパ人より片眉上げがはるかにへたであると結論づけている。

③表情豊かなアイヌ

さらに香原は、アイヌについても片眼つぶりができるかどうかを調べ、純アイヌは片眼つぶりがうまいが、和人（本土日本人）との混血が進むほど、へたになることを突きとめた。最近の人類学研究によって、アイヌは縄文人の遺伝的影響が強いことがわかっているので、縄文人はアイヌと同様に片眼つぶりがうまかったことだろう。和人は、北方アジアに由来すると考えられる渡来系弥生人の遺伝的影響が強いので、渡来系弥生人も片眼つぶりがへただったと思われる。

じつは、私が監修したＮＨＫの番組で、眼の大きさと片眼つぶりとの相関を知るために、50人に街頭インタビューテストをしたら、縄文系と思われる二重まぶたで大きな眼を持つ人は片眼つぶりがうまいというかなり明瞭な結果が出た。

④生物学的解釈

片眼つぶりがうまいのは、眼をつぶらせる眼輪筋を支配する顔面神経を左右別々に操作できるからである。その巧拙は遺伝的に決まっていて、へたな人が練習してもほとんど上達しないらしい。そもそも顔面神経は、眼輪筋も含まれる顔面筋の上部に関してのみ、左右の脳がそれぞれ両方の顔面筋を動かすようになっているので（「両側性支配」という）、生物学的には眼輪筋を別々に動かせなくても不思議ではない。虫が飛んできて眼に入りそうになったら、また、くしゃみをするときも、反射的に両眼を同時につぶればよいのである。

しかし、世界中の多くの人々が片眼つぶりをうまくできるので、ホモ・サピエンスはもともと片眼つぶりがうまかったと思われる。どうして北東アジア人が片眼つぶりをできなくなったのかは、まったくわからない。偶然の突然変異による可能性が高いと考えられる。

香原はいくつかの家系を調べ、片眉上げが優性遺伝することを突きとめた。なお「優性」とは優性と劣性の遺伝子が対になったら優性の特徴が現れるということで、その意味では「顕性」であり、決して優勢だからその遺伝子が増えるわけではない。ただし、片眉上げのうまい人がたくさん子どもを残すことになれば、その遺伝子が増える。

ヒトのさまざまな表情をつくりだす顔の筋肉を、章の最後に紹介しておこう（図3－13）。

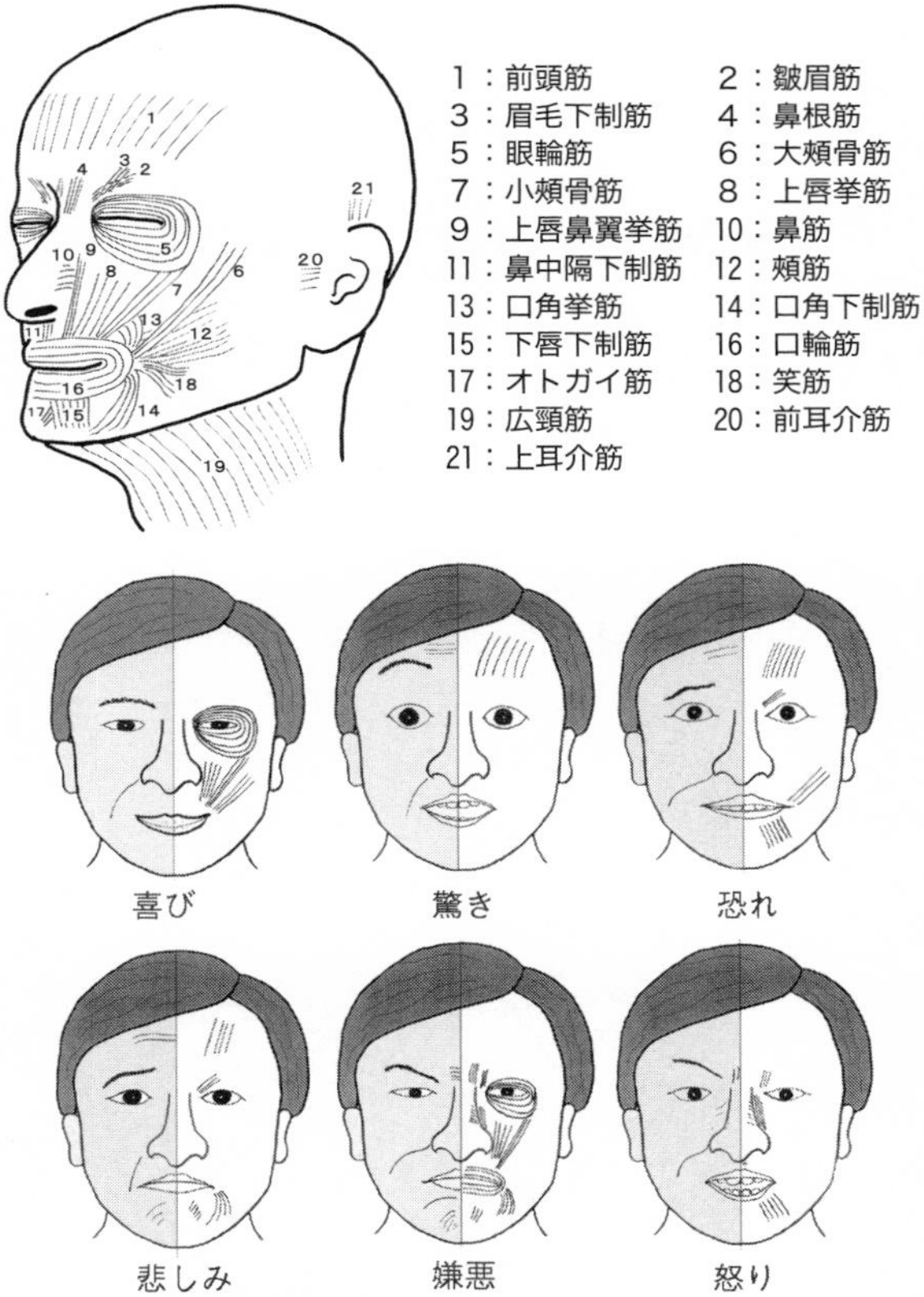

図3-13　ヒトの表情筋と感情表現

上の図は、ヒトの表情筋を模式的に表したもの。下の図は、さまざまな感情により表情がどのように現れるかを示している
喜び……眼輪筋が眼を細め、大頬骨筋などが口角を引き上げる
驚き……前頭筋によって眉が上がり、眼が見開かれる
悲しみ…皺眉筋により眉が内側下方に寄り、口角下制筋により口角が下がる
怒り……眉毛下制筋により眉が寄って眉間に縦じわができ、下唇下制筋により下唇が強く下がる
（『顔の百科事典』より。昭和大学中島功准教授のご厚意による）

第4章
ヒトの顔はどう進化したか

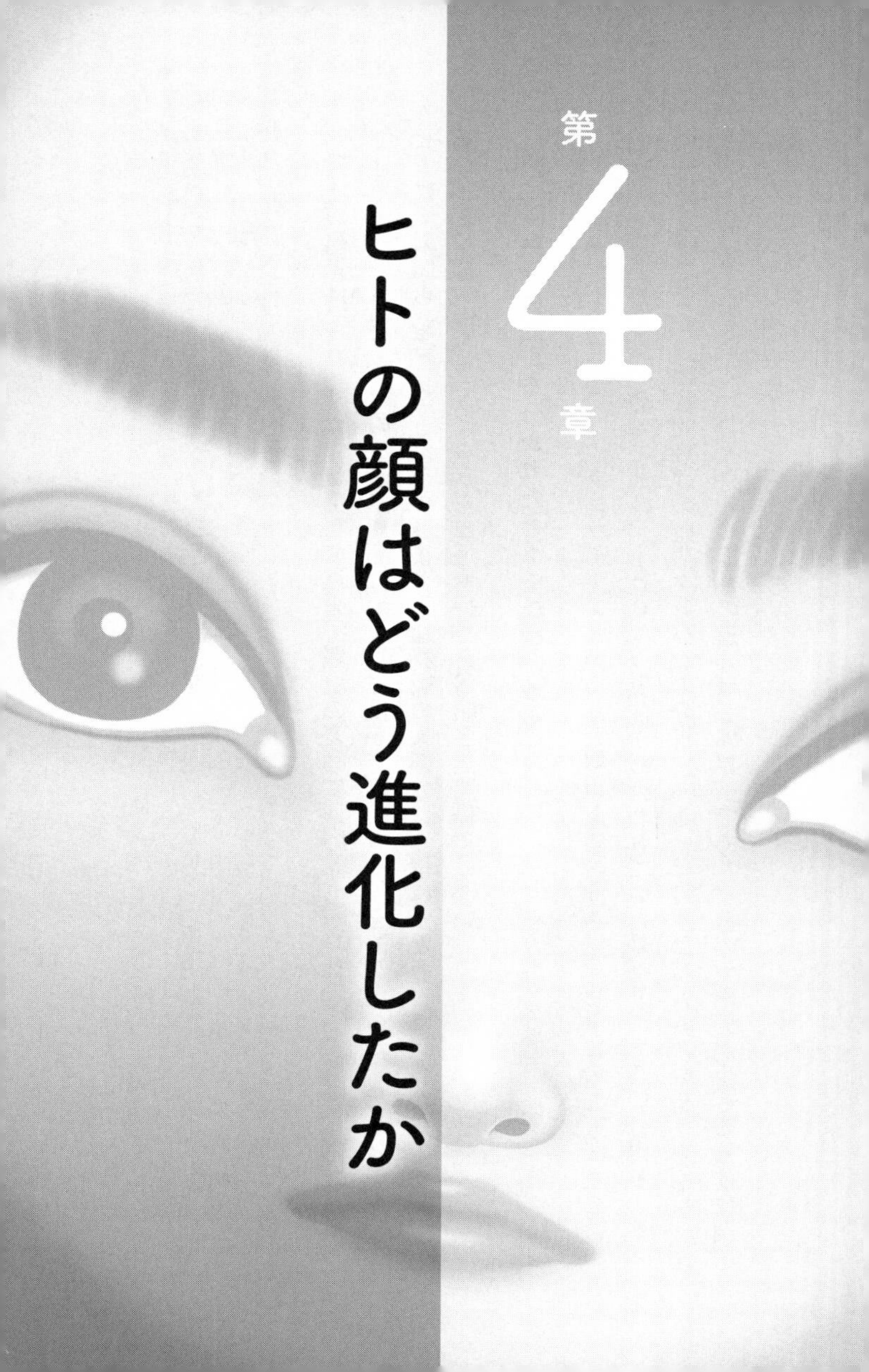

4-1 「人間らしさ」の獲得

我々の祖先は、アフリカで誕生して以来、環境の変動に適応して、身体をさまざまに進化させてきた。その歴史ドラマのなかで、顔はつねに主役か、重要な脇役を演じてきた。それは顔が、ヒトに「人間らしさ」をもたらすさまざまな特徴の大部分に密接にかかわっているからである。最もヒトらしい特徴とされる直立二足歩行さえ、顔と無関係ではない。

共通祖先から分かれたヒトとチンパンジー

チンパンジー、ゴリラ、オランウータンといった大型類人猿のうちで、ヒトに最も近縁なのはチンパンジーである。そのことは、１００年以上前から行われていた骨や筋肉あるいは内臓の形態分析だけでなく、比較的最近の血清タンパクの分析、あるいは最新のＤＮＡの分析からもはっきりと認識されている。ＤＮＡのヒトとの違いは２％以下であり、その大部分が生きる機能に関係しないジャンク遺伝子だと考えられている。

ヒトとチンパンジーの祖先は、約８００万年前には、アフリカの森林に棲んでいた同一の種に属する類人猿だった。つまり、当時、そこには現在のヒトとチンパンジーの共通の祖先がいたということだ。彼らの化石は見つかっていないが、特殊化していない類人猿だったと考えられている。「特殊化していない」とは、たとえばオランウータンのように腕が長くなったり、ゴリラのように巨大になったりはしていなかったということである。

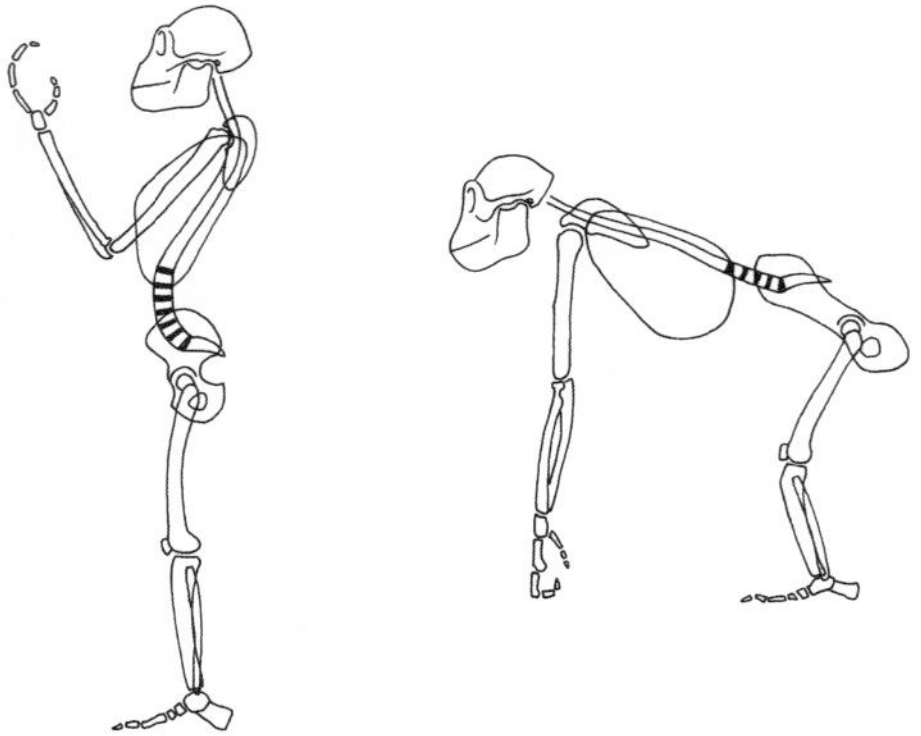

図4-1　チンパンジーと人類の地上歩行
チンパンジー（右）はナックル歩行、320万年前の人類（左：アファール猿人）は直立歩行

具体的には、身体が小さめで、森の木の上に棲み、手と足の両方で枝をつかみ、木から木へ渡っていくといった姿が想定される。森で軟らかい果物を食べていた彼らの顔は、身体のわりに小さめだった。やがて、彼らは二つのグループに分かれ、それぞれ独自の道を歩んでいった。それが、人類進化の幕開けだった（図４－１）。

一方は、疎林（疎開林）で主に果物を食べ、木登りをしたり地上をナックル歩行したりするチンパンジーに進化した。疎林とは、密林と違って地面が露出している林である。ナックル歩行とは、手の指の中節骨（各指に3個ある指骨のうちの真ん中の骨）の背側（手の甲の側）を地面につけて歩く四足歩行の一種であり、ゴリラにも見られる。

もう一方は、途中で20以上の種に分岐したが、最終的には、その中の1種が、地上を直立二足歩行し、何でも食べ（草や葉のセルロースは消化できないが）、大脳が拡大し、道具を使うという我々ヒトに進化した。

人類進化を段階的にとらえる

ヒトとチンパンジーとの共通祖先から我々ホモ・サピエンスへの進化は、かなり複雑である。したがって、いくつかの段階に分けて整理するとわかりやすい。とはいえ例外や付随的なできごともあり、専門家の間で議論が分かれることも多いうえ、さらに次々と新しい発見があるので、厳密に段階を決めるのは難しいのだが、大筋では以下のような5段階があったという理解でよいだろう（図4-2）。

第1の「初期猿人」は、700万～600万年前にアフリカで誕生し、森や疎林で主に果物を食べ、把握性のある手と足で木登りをするとともに、短距離なら地上を直立して二足歩行した。

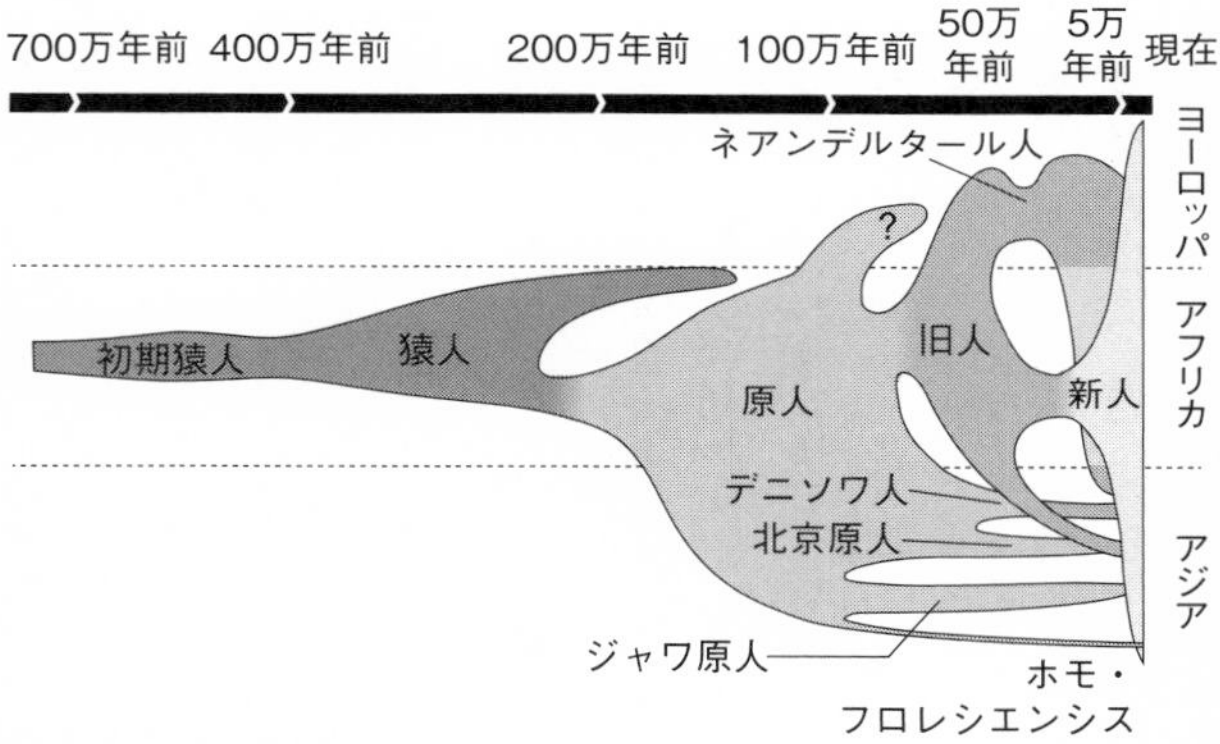

図4-2　人類進化の５つの段階
能力が増すにつれて生活域が拡大していった

第２の「猿人」は、４００万年ほど前に出現し、直立二足歩行がかなり発達したので、草原にも進出して、主に乾燥した硬い植物を食べるようになった。ただし疎林にも依存していた。

第３の「原人」は、２００万年ほど前のアフリカに現れ、脚も長くなり直立二足歩行が完成し、疎林から離れ、草原に拡がった。彼らは道具を使い、一部は火も使い、肉を含む多様な食物を食べ、やがて１８０万年ほど前からユーラシアに拡散した。

第４の「旧人」は、やはりアフリカで70万年ほど前に出現し、判断力や生活技術を向上させ、再びユーラシアへ拡がった。

第５の「新人」ホモ・サピエンスは、20万年ほど前にアフリカで誕生し、創意工夫のある戦略的な頭脳を活用して、６万年ほど前から三度目として、世界中に拡散した。

ただし、中学や高校の教科書の多くは、初期猿人を猿人に含める従来の4段階の人類進化を踏襲している。専門家の立場としては、初期猿人は類人猿と人類の中間状態を示し、猿人以降のすべての人類にも対比される存在なので、初期猿人と猿人を分離したい。

なお、原人・旧人・新人をまとめて「ホモ属人類」と呼ぶこともある。学名に、ホモ・エレクトスやホモ・ネアンデルタレンシスのように「ホモ」という属名がつくからだ。ホモ属を一つにまとめると、人類進化の段階は「初期猿人」「猿人」「ホモ属人類」の3つになる。

「人間らしさ」の発展

ヒトがほかの哺乳類あるいは霊長類と違う点、つまり「人間らしさ」と呼ぶべき特徴は数多くあるが、その中で代表的なものは、直立二足歩行の発達、手の母指対向把握能力（親指をほかの指と向かい合わせて物を握ること）の発達、咀嚼器官の変化、大脳の拡大、そして寿命の延長とされている（図4－3）。多くの読者が予想したであろう文化や言語の発達は、それらの結果である。

直立二足歩行は人類進化の早い時期に獲得された。逆にいうなら、化石を調べて直立二足歩行をしていた特徴が見られると、初めて人類と認められるのである。なぜなら、直立二足歩行は移動能力を向上させて新しい環境への進出を可能にしただけでなく、それによって自由になった手

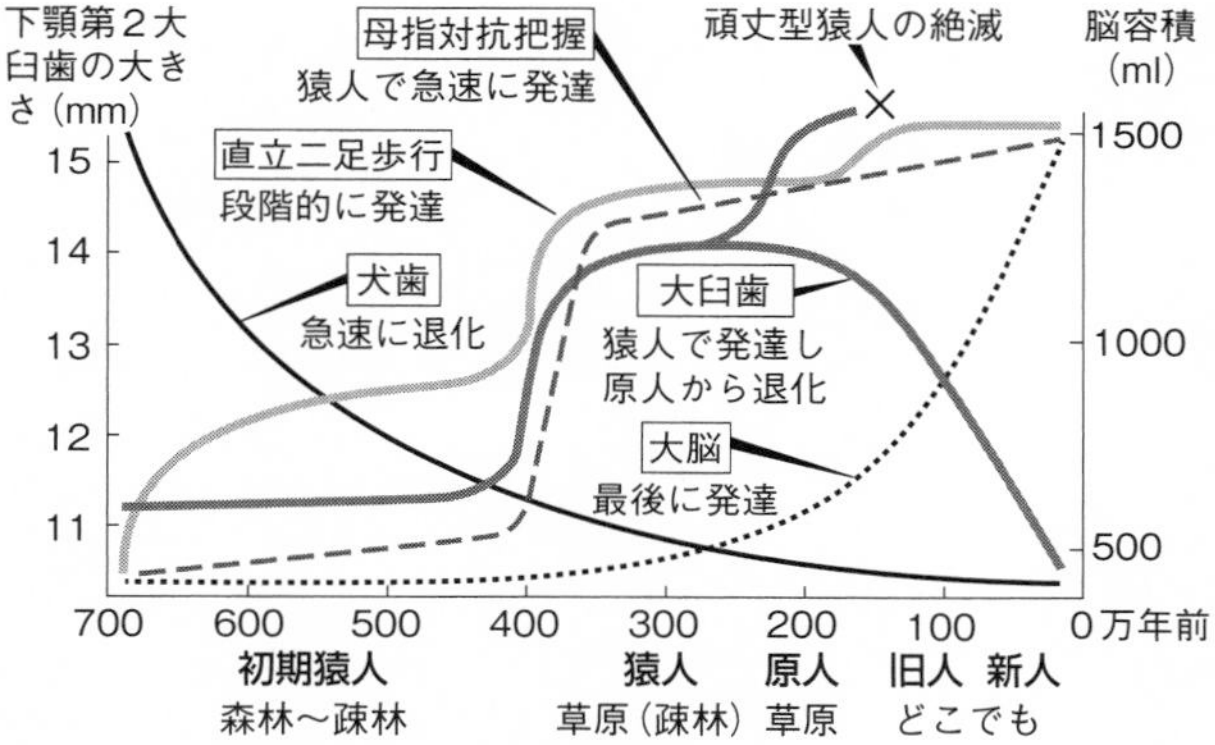

図4-3　人間らしさを示す５つの特徴

が、母指対向把握能力を発達させたからだ。その結果、物を運び、道具を使い、大脳の発達をもたらすことができた。直立二足歩行の発達は、初期猿人では40％ほど、猿人では80％ほど、そして原人以降は我々と同じ１００％と、段階的に進んだことだろう。母指対向把握能力もほぼ同じと考えられる。だから平原に進出した猿人は、安定した直立二足歩行ができるだけでなく、手に持った棒を振り回してハイエナを追い払うことができただろう。そうでなければ、生きていけなかったのだ。

大脳の大きさは、初期猿人と猿人の時代はチンパンジーと同じくらいで、３００〜５００mlだったが、原人から旧人をへて新人になると急速に拡大し、わずか２００万年間で3倍ほどになった。大脳が拡大したことは、道具の使用や言語の発達など「人間らしさ」のきわみとしての文化の発達につながった。

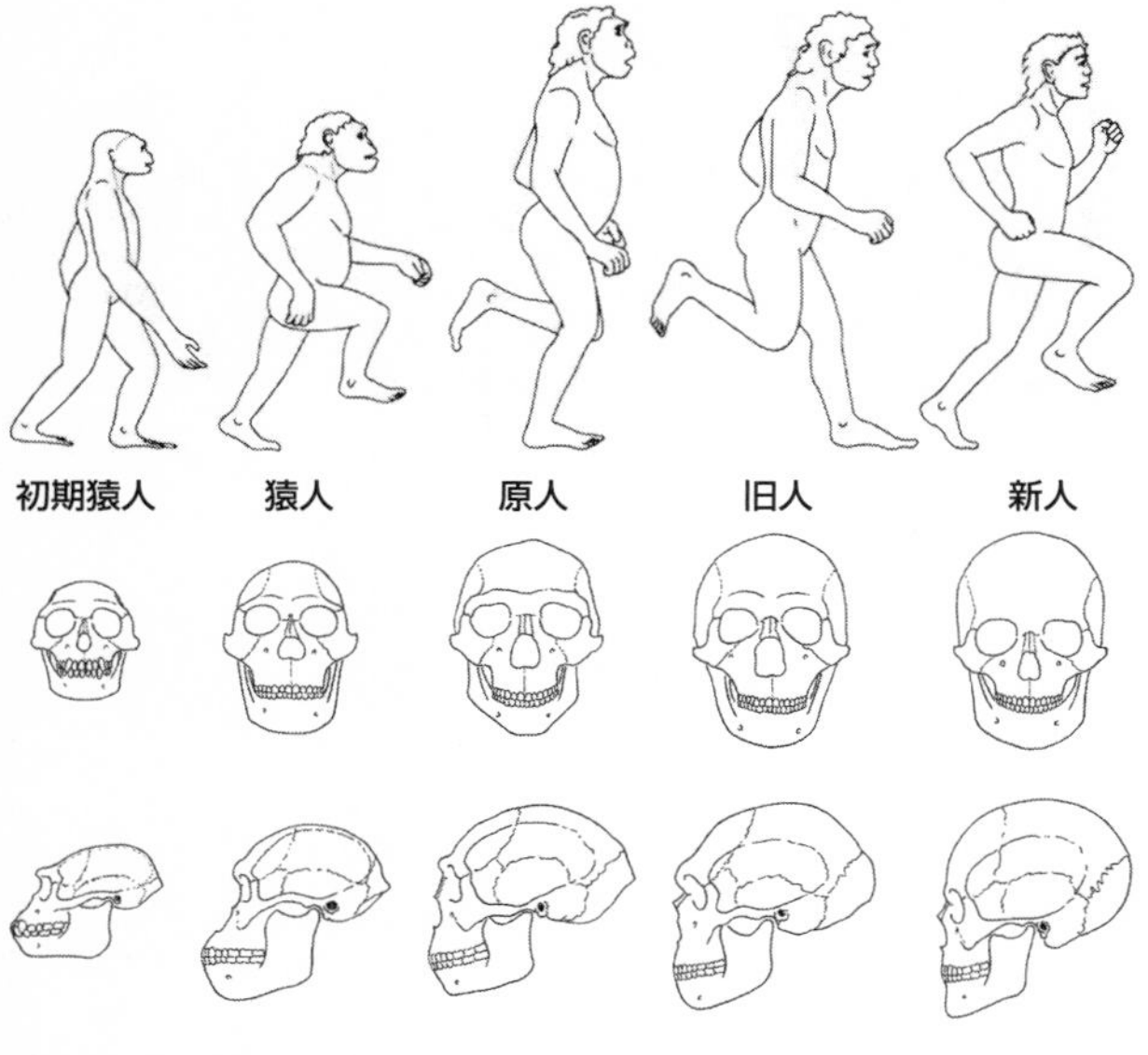

図4-4　人類進化にともなう体構造と頭骨の変化
初期猿人は立っていたが、よちよち歩きだった
猿人は短い脚でもしっかり歩き、ときには走った
原人・旧人・新人は背が高く、長距離を走れた
頭は脳の拡大によって大きく丸くなっていった。咀嚼機能と比例する顔は、大きくなって小さくなった。果物を食べた初期猿人は顔が小さかったが、草原で硬い植物を食べた猿人は顔が大きくなった。原人以降は、肉食が進み、道具や火の使用により顔が退縮した

寿命の延長は、大脳の発達とほぼ比例する。化石の歯にはエナメル質線条（ペリキマータ）という年輪のような成長痕が残っていて、それを数えると成長期間が推定でき、寿命が大雑把にわかるのだ。

咀嚼器官は、我々ではすでに退化しているが、途中では部分的に拡大したこともあった。たとえば、臼歯は猿人になって拡大した。そして、原人以降では、歯全体が退縮した。これらの変化は人類が異なる環境に暮らしの場を広げていった際に、生息環境によって食物の質が違い、それに歯と顎が適応するからだ。犬歯は、本来は咀嚼器官だが、霊長類では攻撃の道具となり、暴力性と関係する。そして、初期猿人の時代には急速に退縮した。なぜこのようにいえるのか、具体的な根拠をこのあとに述べていこう。

4-2 人類の顔の進化

初期猿人の顔

最初の人類、つまりヒトとチンパンジーの共通祖先から分かれた直後の初期猿人の顔は、いまのチンパンジーと似ていたと想定される。それは大雑把にいうと、人類の祖先と考えられる化石の顔は、古くなるほどチンパンジーと似てくるからである。

たとえば、700万~600万年前のサヘラントロプス・チャデンシスは、アフリカ中部のチャド共和国で化石が発見されているが、口が出っ張っていて、犬歯がかなり長く、脳容積も300mlほどで、額も平らであるなど、チンパンジーと似ている。それにもかかわらずサヘラントロプスが人類の仲間である初期猿人と見なされるのは、頭骨の底（頭蓋底）の孔（「大後頭孔」という脊柱との連結部で、脊髄が出てくる部分）が、チンパンジーのように斜め後ろを向いているのではなく、下を向いているからだ。つまり頸の真上に頭が載っていて、直立姿勢をとっていた

図4-5　ラミダス猿人の頭骨模型（左）と復元
（右：石井礼子画）

ことがわかるのだ。ただし、彼らがどのような歩き方をしていたかは、身体の骨が見つかっていないのでわからない。
　次に、初期猿人としては年代が新しいのが、440万年前のアルディピテクス・ラミダス（ラミダス猿人）である（図4－5）。以前からエチオピアで個体骨格を含む多くの化石が発見されていたが、2009年に詳細な研究が『サイエンス』誌に報告され、初期猿人の具体的な姿が初めてわかった。それはなんと、手足は類人猿のように把握する機能を持ちながら、骨盤は腰を伸ばせるように変化したので、頻繁に直立し二本足で歩いていたという従来の定説を覆すものだった。それは現在の霊長類の中では、ときどき地上で腰を伸ばして立つことがあるオランウータンやクモザルのイメージに近いだろう。つまり、人類の直立二足歩行は森の中で始まって発達したことが明らかになったのだ。じつは、このような初期猿人の姿は、私が1995年に『人類学講座4　適応』の中の「直立二足歩行への道」で予測した姿にほぼ一致している。

さらに、顔も人々を驚かせた。ラミダスは身長120㎝、体重40㎏ほどだが、そのわりに顎も歯も小さかったので、森の中で比較的軟らかい果物を主食としていたことがわかる。だが、それだけではない。ラミダスはオスもメスも犬歯が小さく、オスの身体とメスの身体は、ほぼ同じ大きさだったのである。いったいそれは、何を意味するのだろうか。

たとえば、チンパンジーは群れで暮らしている。オスはメスより身体が大きく、握力は300㎏もあり、力は「七人力」ともいわれる。実際に、京都大学教授だった故・西田利貞氏は、野外調査で仲よくなったチンパンジーに肩をつかまれて、ポイッと放り投げられた。まるで、人間が猫を扱うように。オスのチンパンジーは体重が55㎏ほどしかないが、それにもかかわらず異常なほど力持ちに思われるのは、逆に私たちの筋力が低下して虚弱になったからと考えられる。その代わりに、知恵で勝負しているのだ。

チンパンジーの犬歯は大型犬と同じくらいで、強力な武器になっている。オスどうしは争い、勝ったオスがメスを独占する傾向がある。メスにはオスを選択する自由がほとんどない。オランウータンやゴリラも、チンパンジーほど凶暴ではないが、オスの犬歯が大きく、メスには選択の自由があるとは言いがたい。

したがって、800万年ほど前に人類の祖先だった類人猿も、犬歯が大きかったはずだ。そして、「最古の人類」といわれるサヘラントロプスの犬歯もまた、かなり大きかったことがわかっている。

それにもかかわらず、ラミダスのオスは、どうして身体も犬歯も小さくなったのだろうか。この問いを考えるヒントは、現生の霊長類ボノボの暮らしの中にある。ボノボは、チンパンジーに比べるとオスとメスの体の違いが少なく、オスどうしの争いも少ない。さらには、もめごとやストレスを性交や性器の接触で癒したりする。つまり、争いによるエネルギーの消費を避けているといえる。おそらくはラミダスの祖先も、暴力性を減少させるという賢明な社会組織を選択したのだろう。

では、ラミダスのオスは、どのようにメスにアピールし、受け入れてもらっていたのだろうか。あるいは、メスがオスを選んだのだろうか。

ラミダスの化石を研究したケント大学のオーエン・ラヴジョイ教授によると、ラミダスのオスは直立二足歩行によって自由になった手で大きな食物を運んできて、特定のメスに頻繁にプレゼントしたのであろうという。正式には「食物供給仮説」という。すると、そのメスは食物をくれるオスを頻繁に性的に受け入れ、オスはメスが育てる子どもを自分の子どもだと信じることになる。つまり、優しくて稼ぎのよいオスがメスに選ばれるという古今東西を問わないシステムが始動したらしい。まるで、ラヴジョイ教授の名前（Lovejoy）そのものといえることが起きたのだ。「夫婦のはじまり」ともいえよう。

なお、初期猿人の顔の部品（眼、鼻、唇など）や皮膚（肌とヒゲなど）は、いまの類人猿と同じようだったと推定される。

猿人の顔

約440万年前に疎開林で暮らしていた初期猿人のアルディピテクス・ラミダスは、約400万年前には猿人のアウストラロピテクス・アファレンシスに進化し、直立二足歩行を発達させて、草原に進出していった。

アファレンシスはアファール猿人とも呼ばれ、骨盤が現代人と同様に幅広く、腹部内臓を支えるとともに、脚の筋肉の付着部として良好に機能したので、直立しても安定して歩くことができた。足は、親指が他の指とそろってアーチ構造を形成し、長時間の歩行に堪えることができた。なお体毛は、発汗によって体温を下げるために、かなり薄くなっていたと推測できるが、頭髪やヒゲはチンパンジーの状態と同じだっただろう。手は、親指以外の4本の指が短くなると同時に親指が大きくなって残りの指と向き合い（母指対向性）、木の棒や石ころなどをしっかり握りしめることができた。アファレンシスのオスはラミダスのオスよりも身体が大きくなったので、棒などを持ってヒョウやハイエナなどの捕食者に対抗したのだろう。

アファレンシスの顔は、ラミダスよりも大きく頑丈になった（図4－6）。しかし、犬歯は、

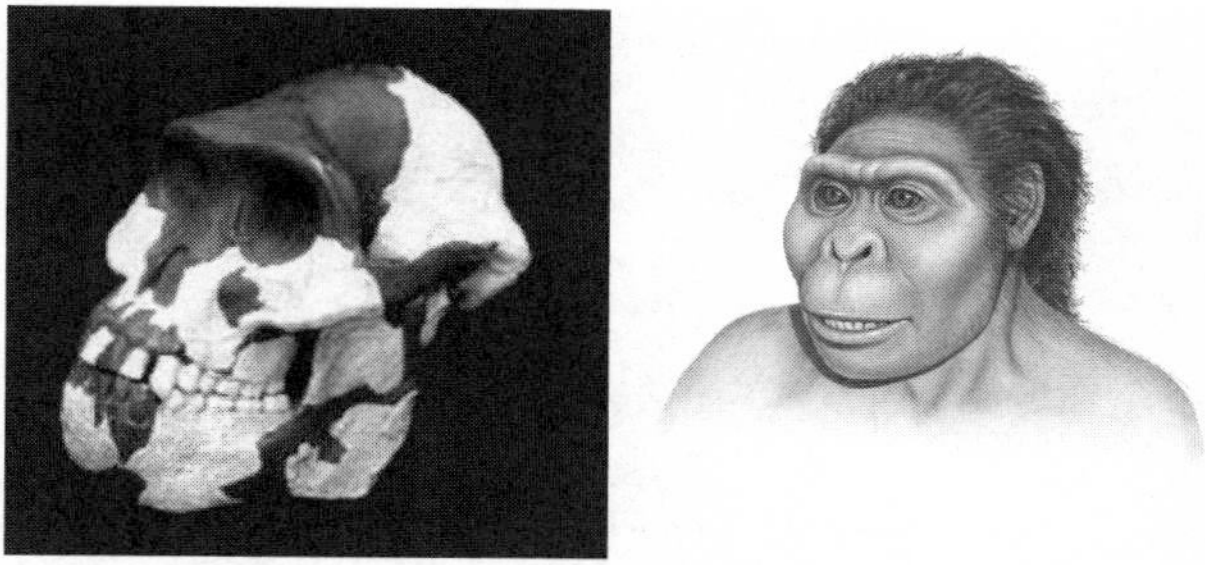

図4-6　アファレンシスの頭骨模型（左）と復元
（左：国立科学博物館所蔵／筆者写す　右：石井礼子画）

ラミダスよりさらに小さくなり、もはや攻撃どころか脅しの道具としても役に立たなくなった。オスは身体が大きくなっても、メスに優しかったのだろう。小臼歯と大臼歯は、草原の硬い乾燥した食物を噛み砕くために大きくなり、磨耗を減らすためにエナメル質が厚くなった。その結果、歯列全体は前後に長くなり、犬歯が小さいにもかかわらず、チンパンジーと同じように口が前方に大きく突出するようになった。なお、脳容積は３５０〜４００㎖ほどで、ラミダスと比べてわずかしか増加していなかった。

そのようなアファレンシスの家族が、３６０万年前に歩いた足跡列の化石が、アフリカ東部のタンザニアにあるラエトリ遺跡に残っている。足跡列は2列あり、互いにきわめて接近していて、しかも歩幅が完全にそろっている。二人が並んで、肩を組むなり、抱きかかえるようにして歩いたことがわかる。しかも、大きい足跡（26㎝）の上に、中くらいの足跡（21㎝）が重なっている。隣の足跡は小さい（18㎝）。したが

図4-7　アファレンシスの家族の復元（国立科学博物館所蔵／筆者写す）

って、3人のアファレンシスが歩いていたことになる。そこで、夫婦とその子どもの3人が歩いたものと解釈し、2013年に国立科学博物館で特別展「グレートジャーニー 人類の旅」を開催した際に、模型として復元してみた（図4－7）。

彼らは、火山の噴火によって積もった火山灰の上に雨が降り、軟らかだった地面が固まりかけたときに、ここを歩いた。かなり緊迫した状況だった。専門家としては、父親が用心して歩いた後ろに子どもを連れた母親が続くことが妥当と考えた。しかし、当時は「イクメン」が盛んだったので、父親が子どもを連れて歩き、母親が父親の足跡をたどるように場面設定をした。その場合は、父親に半歩遅れて子どもが歩くのがポイントだ。なぜなら、父親の体が大きいので、父親と子どもが完全に並ぶと、お互いの体がぶつかってしまい、歩けない。それは、実際の親子を使って歩行実験を行い、確認された。家族３人の表情は、復元をご覧いただきたい。

顔の表面の部品は、基本的にはチンパンジーなどの類人猿と同じだが、互いの愛情を確かめるために、白眼が少しは露出していた可能性がある。また、吸気に含まれる細かい砂をこしとるために、鼻軟骨が少し盛り上がり、皮膚が鼻腔に取り込まれ、鼻前庭がわずかに形成されて、そこに鼻毛が生えはじめていた可能性がある。

猿人は、歯列が突出していたので、咽頭に十分なスペースがあり、チンパンジーと同じように喉頭が咽頭上部に収まっていたはずだ。我々のように、喉頭が下降して音声言語をしゃべれるようにはなっていなかったと考えられる。実際、エチオピアのディキカで発見されたアファレンシスの小児化石では、舌骨が生前の位置を保ちつつ残っていたので、舌骨と密接な位置を占める喉頭も、下降していなかったことが確認されている。

頑丈型猿人の顔

約２５０万年前、アフリカ全体が徐々に乾燥し、草原での暮らしは厳しさを増していった。その中で、猿人たちは生き残るために二つの適応方法を開拓した。一つは、４００万年前からの伝統的方法で、硬く砂混じりの食物を食べるために顎と臼歯を巨大にしていった。それが頑丈型猿

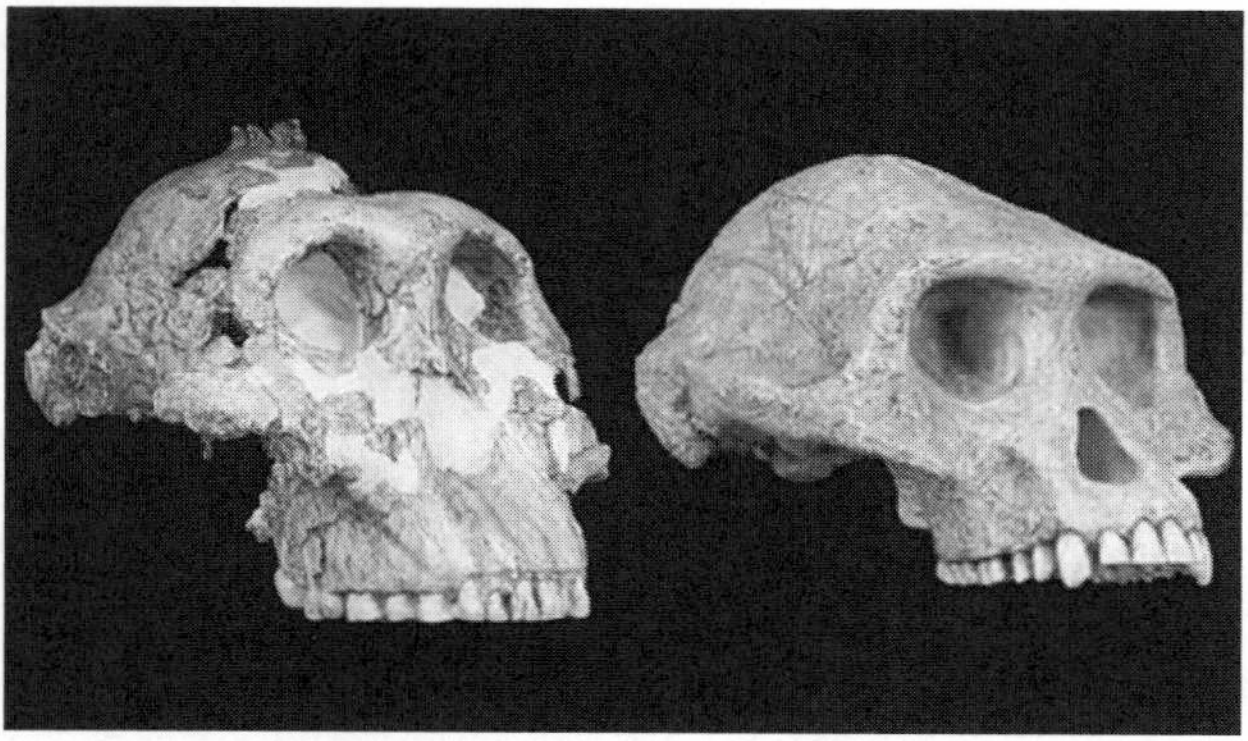

図4-8　頑丈型猿人の頭骨模型（国立科学博物館所蔵／筆者写す）
左が頑丈型猿人。右の華奢型猿人と比べると顔の大きさがわかる

人のグループである（図4－8）。その中でも、とくに175万年前のパラントロプス・ボイセイは、顔の大きさと頑丈さはゴリラ並みだった。ただし、小臼歯と大臼歯は巨大になっても、切歯と犬歯は小さいので、口は出っ張ってはいなかった。

彼らは嚙む力を増すために、側頭筋の付着部が拡大し、頭全体を覆い、さらに付着部を増やすために、頭頂部の正中に、ゴリラのように、ツイタテ（矢状隆起）をつくるほどになった。同様に、咬筋の付着部である頰骨と頰骨弓が横に広がり、さらに鼻の付近に比べて前に出っ張るようになったので、顔の上半部が皿のような形になった（英語で「Dished face」と呼ばれる）。顔の表面の部品は、普通の猿人と同じだったと思われる。

頑丈型猿人の脳容積は、他の猿人よりわずかに大きく、500mlに近づくこともあった。しかし、巨大な顔と咀嚼筋に埋もれて、まったく目立たなかった。

原人の顔

乾燥する環境に対し別の適応方法を採ったのは、広い草原を探索し、石器や木の棒などを使って、多様な軟らかい食物をうまく手に入れようとしたグループである。たとえば２２０万年前の初期の原人ホモ・ハビリスでは、死んだ動物の肉を切り取ったり、骨を割って骨髄を取り出したり、イモなどの地下茎を掘り出したりしたことだろう。その結果、アウストラロピテクス・アファレンシスのような猿人と比べると、顎と歯は徐々に退縮し、顔も口があまり突出しなくなった。そして、そのような工夫を生み出すために、大脳が徐々に大きくなっていった（脳容積は５５０〜７５０㎖）。

さらに１８０万年前の原人、ホモ・エレクトス（アフリカのホモ・エレクトスはホモ・エルガスターともいわれる）は、脚が長くなり、暑い昼間でも長距離を歩けるように、汗をかいて体温を下げていたと考えられる。

じつは、ヒトのようにエクリン腺から大量の汗をかく動物は、ほかにはいない。チンパンジーを含めた霊長類では、エクリン腺はあるがほとんど機能しない。森に棲んでいるから、その必要がないのだ。ウマは汗をかくが、アポクリン腺から分泌している。

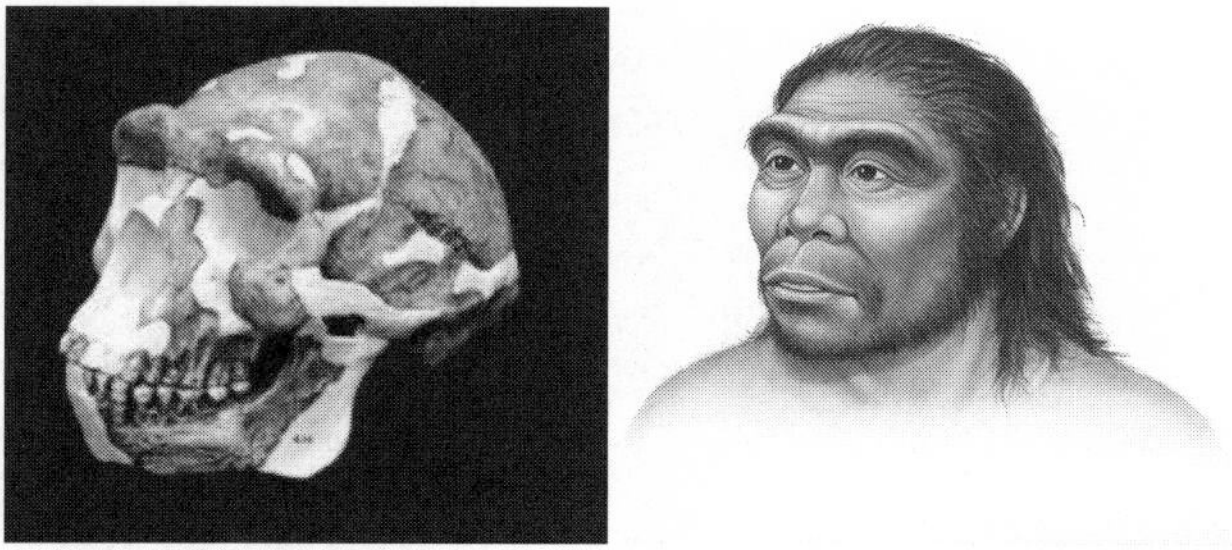

図4-9　北京原人の頭骨模型（左）と復元
（左：国立科学博物館所蔵／筆者写す　右：石井礼子画）

ホモ・エレクトスは、本格的に石器を使い、積極的に狩りもしていたと考えられる。脳容積も750～900㎖になった。歯と顎の大きさも、集団差や個人差はあっても、さらに小さくなった。このような原人の姿は、猿人がサル的なイメージを色濃く残していたのとは違って、ヒト的あるいは人間らしさを充分に表していたことだろう（図4－9）。

おそらく体毛は密ではなく疎らになったが、頭髪だけは密に残っていたはずだ。鼻骨はやや隆起し、鼻尖や鼻翼を形成する鼻軟骨はかなり盛り上がり、鼻の孔もほぼ下を向いていただろう。つまり、人間らしい鼻が成長しはじめたのだ。眼瞼裂は大きくなると同時に、虹彩周囲の白眼の着色が薄れて、白眼が見えるようになり、人間らしさが感じられるようになったことだろう。唇（赤唇縁）もかなり発達していたはずだ。ただし、眼窩上隆起が発達し、額は傾きわずかしか隆起せず、サル的な印象も少し残っていた。額から落ちてくる汗を防ぐための眉毛もまばらだっただろう。なお、我々と比べると、歯列が突出していたので、頸椎との間には充分なスペースがあり、喉頭は口腔の奥の咽頭上部に収まっていた可能性が高く、喉頭が下がっている我々のように言葉をしゃべることはできなかっただろう。

猿人は、腕が強力で、脚が短く、疎林の生活から完全に離れることはできなかったが、約２０万年前以降の原人は、徐々に腕が短くなり、脚が長くなって、疎林から完全に離れて暮らすことができた。その結果、１８０万年前以降、人類の祖先は、アフリカ北部の乾燥地帯を越えてユーラシアに拡散していくことになったのである。

ユーラシアの動物にとって原人たちの顔は、初めは見慣れない奇妙な顔だった。だがすぐに、自分たちを殺す危険な捕食者の顔であることを学習した。

旧人の顔

約70万年前、アフリカの原人の中から旧人に進化したグループが現れた。身体つきや歩行能力は原人と変わらなかったが、大脳が拡大し、文化的進歩を遂げ、歯と顎が徐々に小さくなっていた。たとえばザンビアのカブウェで発見されたホモ・ハイデルベルゲンシスの男性は、身長は１８０cm以上、体重も80～90kgほどあり、筋肉隆々だったと推定される。彼の顔は、口がかなり出っ張り、眉の部分の眼窩上隆起が著しく発達し、額も傾き、一見すると原人と似ていた。いま生

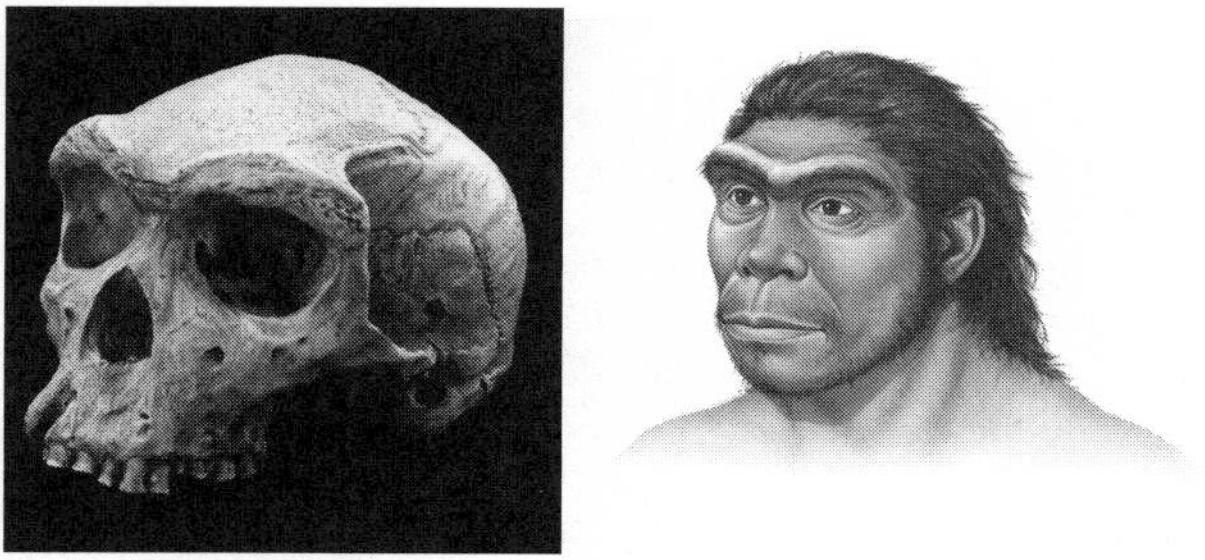

図4-10　旧人の頭骨模型（左）と復元
（左：国立科学博物館所蔵／筆者写す　右：石井礼子画）

きていたら、誰もケンカしようとは思わないだろう。

しかし、彼らの脳容積は１３００㎖ほどで、現代人としてはやや少ない程度だった。しかも、顎関節や頭蓋底は、原人よりも縮小していて、前後に短くなり、新人の状態に近づいていた（図４－10）。おそらく、ホモ・ハイデルベルゲンシスでは、歯列と頸椎の間のスペースが狭くなり、喉頭が収まりきれなくなって、頸の中程に下がっていたと推測される。つまり、我々のように言葉をしゃべることができただろう。理性もかなりあったに違いない。

ホモ・ハイデルベルゲンシスは、やがてアフリカからユーラシアへ拡散していったが、それより前にユーラシアに拡散していたホモ・エレクトスを完全に駆逐してしまったのではなく、中央アジアの山奥や東南アジアの島などの僻地ではホモ・エレクトスの子孫と接触をさけようとしていたらしい。たとえば、最近、アルタイ山脈のデニソワ洞窟で発見されたデニソワ人は、原人の仲間と考えられるが、ハイデルベルゲンシスによって駆逐されることなく、数万年前まで生き延びていた。東アジアに進出したハイデルベルゲンシスは、そこにいた北京原人の仲間たちを絶滅させて、あるいは混血して、中国の旧人であるダーリー人やマパ人に進化したと考えられる。いっぽう、ヨーロッパに進出したハイデルベルゲンシスは、やがてネアンデルタール人へと進化していった。

新人ホモ・サピエンスの顔

およそ20万年前、またまたアフリカで、新種の人類が誕生した。旧人のホモ・ハイデルベルゲンシスが新人のホモ・サピエンスに進化したのだ。サピエンスは、使用目的ごとに違った石器を作り、火を活用するような文化的な発達によって暮らしを維持することができたので、身体や咀嚼器官は徐々に華奢になっていった。

たとえばエチオピアで発見された16万年前のホモ・サピエンス・イダルツの顔は、現代人よりは頑丈だったが、旧人と比べると歯と顎が縮小し、口が引っ込んでいた。また、イスラエルで発見された10万年前のカフゼー人骨では、下顎底部は拡大し、オトガイが突出するようになった。繰り返すがオトガイは、サピエンスのみに見られる特徴で、うつむいたときに頸の中ほどに下がった喉頭を圧迫しないための構造と解釈できる。

顔全体が退縮したので、鼻腔が顔の中に収まりきれなくなって、鼻がやや隆起するようになった。脳容積は我々と同じ1400㎖ほどになり、額が立ち、眼窩上隆起が目立たなくなっていた。もちろん、眼、鼻、唇などの顔の部品は、現代人と事実上同じになっていたはずだ。つまり、顔の人間らしさが確立されたのである（図4－11）。

ホモ・サピエンスの世界拡散

やがて6万年ほど前から、サピエンスの一部がアフリカからユーラシアへ、そして世界中へと本格的に拡散していった（図4－12）。その過程で、以前からユーラシアに拡散していた原人や旧人の仲間を急速に追い払い、あるいは絶滅させていった。それは、サピエンスが原人や旧人よりもはるかに優れた創造的かつ戦略的な論理能力を駆使し、新しい技術的開発を行うことによってさまざまな環境に適応することができたからである。たとえば、舟や筏を使うことによって魚や海獣などの水産資源を捕るだけでなく、大きな河や狭い海を渡ることができた。

具体的には、サピエンスは4万年以上前に、南アジアから東南アジアを通ってオーストラリアへ到達し、オーストラリア先住民になった。その途中では、ジャワ原人やフローレス島の超小型原人であるホモ・フロレシエンシスを絶滅させた。

同時に、サピエンスは東アジアにもやってきてマパ人など旧人の仲間を滅ぼし、アジア人となり、3万8000年ほど前には日本列島にも渡ってきて最初期の日本列島人となった。また、西

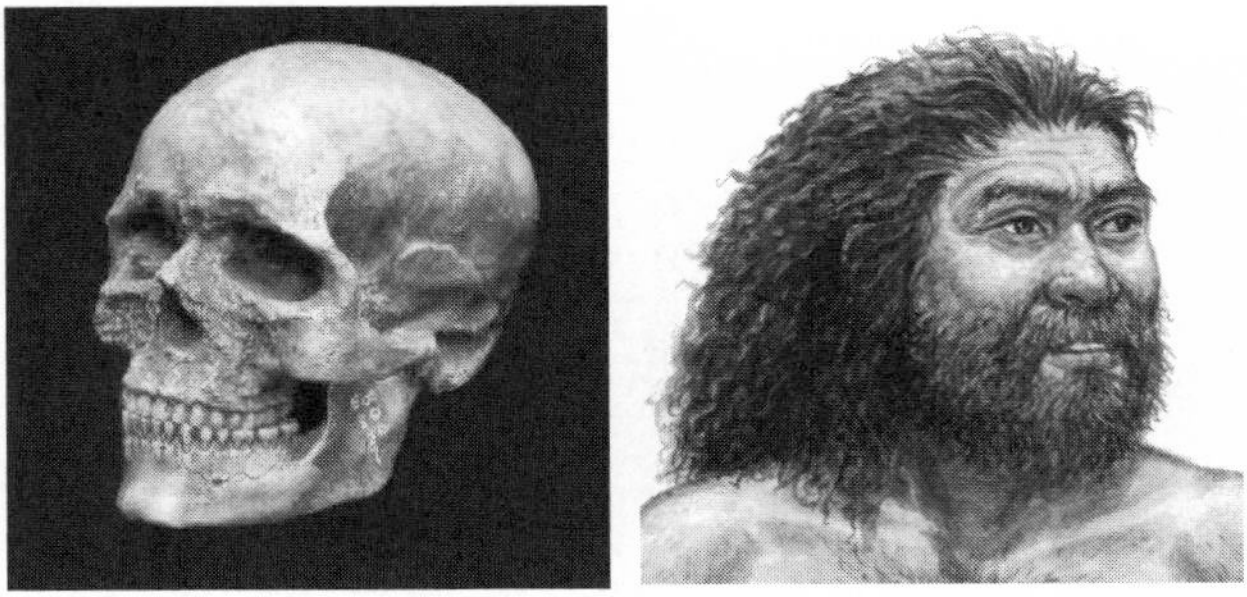

図4-11　新人（クロマニョン人）の頭骨模型（左）と復元
（左：国立科学博物館所蔵／筆者写す　右：石井礼子画）

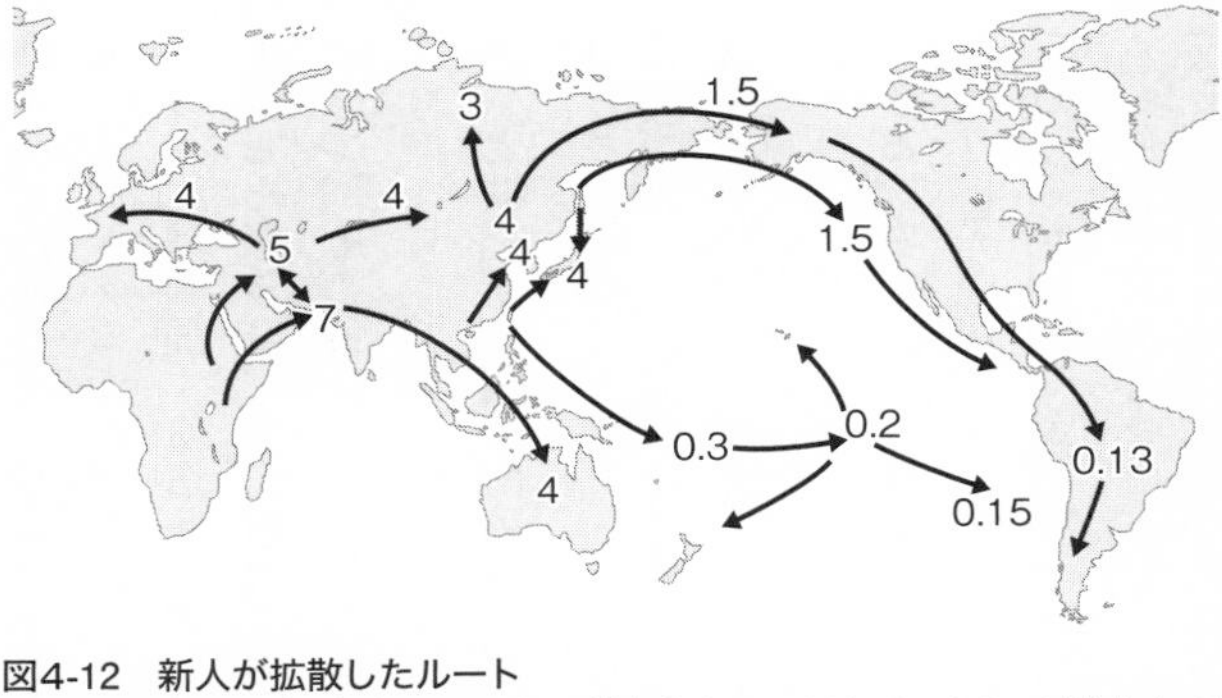

図4-12　新人が拡散したルート
（数字の単位は万年。年代とルートは厳密なものではなく、イメージ的なもの）

アジアからヨーロッパに進入し、4万年ほど前にネアンデルタール人を絶滅させ、ヨーロッパ人になった。ただし、ネアンデルタール人の骨から抽出された核DNAのゲノムが解析され、ヨーロッパ人とアジア人には共通する塩基配列変異があるが、アフリカ人には共通する塩基配列変異がないことがわかった。つまり、サピエンスは、アフリカから拡散した直後に、主に西アジアでネアンデルタール人と混血していたことが判明したのである。そして、その後は、ほとんど混血しなかったらしいのだ。もし混血が継続していたら、アジア人よりヨーロッパ人のほうがネアンデルタール人との混血が進んでいたはずだが、ネアンデルタール人と共通する塩基配列変異の量はアジア人もヨーロッパ人も同じなので、そんなことはなかった。

1万5000年ほど前には、サピエンスはベーリング陸橋を通ってアメリカ大陸に渡り、アメリカ先住民になり、さらに1000年後には、アメリカ大陸最南端にまで達した。サピエンスによって最後に開拓されたのは、海洋だった。

対岸が見渡せるような狭い海なら、小舟や筏でも渡ることができる。実際に、一度も陸続きになったことがないアジアとオーストラリアの間の海を、オーストラリア先住民の祖先が4万年以上前に渡っている。しかし、はるかに離れた陸地をめざして舟を出し、もし見つからなければ戻ってくるという遠洋航海のためには、大きな舟とナビゲーションの技術が必要である。

およそ4500年前の台湾や中国南部の人々は、そのような技術を発達させ、東南アジア島嶼部からニューギニアを経由してオセアニアに拡がっていった。１５００年前には、ハワイやイースター島にまで到達し、さらに南アメリカに行って、サツマイモの種芋を持ってニューギニアに戻った人々もあった。そして１０００年ほど前には、ニュージーランドに、そしてインド洋を越えてマダガスカルにまで到達した。なお、オセアニアの人々の顔や体がアジア人とは違っているのは、拡散の過程で、ニューギニアの人々と混血したためと考えられている。

4-3 どのように顔を復元するか

では、このような昔の人々の姿は、どのようにしてわかるのだろうか。生体復元は単なる想像なのか、それとも学術的な根拠があるのだろうか。２０１３～２０１７年に私が監修した、国立科学博物館における復元作業の実例をご覧に入れながら説明しよう。

証拠だけでは復元できない

誰も見たことのない化石人類の姿を復元するのは、簡単ではない。しかし、解剖学や法医学の知識によって化石人骨を分析すれば、年齢・性別・体格がわかり、顔立ちも復元できる。さらに、人類学の知識によって、骨からだけではわからない顔の表面の特徴が推定でき、考古学の知識によって、生活の様子も推定できる。なお、最近では、古人骨ＤＮＡのゲノム解析から、人種、身長、肌や眼の色、ソバカスの多さ、特定の病気にかかりやすいかどうかまで推定できるようになっている。

ただし、証拠を集めて理屈をこね回しているだけでは、展示物にはならない。実際に目に見える形に復元された展示にするためには、彫塑やメイクアップをする芸術家としての腕前と想像力が必要となる。

地球館「人類の進化」コーナーの復元像

およそ７００万年前に誕生した人類がさまざまな環境に適応しながら、身体特徴と生活能力を発展させてきた様子を一見して理解してもらえるように、猿人・原人・旧人の骨格復元と生体復元をつくって展示することになった。ちなみに、展示を計画した２０００年には、初期猿人アルディピテクス・ラミダスの研究は発表されていなかった。

まず、復元のもとになる資料として、化石骨の保存がよく、しかも人類進化の各段階を代表する個体骨格を選んだ。それは、以下の３体である。

エチオピアから出土した３２０万年前のアファール猿人女性（若い）。通称「ルーシー」。

ケニアから出土した１６０万年前の原人少年（９歳か10歳）。通称「トゥルカナ・ボーイ」。

フランスから出土した７万年前の旧人男性（ネアンデルタール人、中年）。通称「ラ・フェラシー」。

次に、彼らがどのような状況におかれているとするか、以下のように場面設定をした。

	アフリカ人	アジア人	ヨーロッパ人	オーストラリア人
身長	高い	低い	高い	高い
腕と脚	長い	短い	やや長い	長い
頭の形	細長い	丸い	かなり細長い	細長い
皮膚の色	濃い	かなり濃い	薄い	濃い
毛の色と質	濃く縮れる	濃くまっすぐ	濃く波状	濃く波状
眼と瞼	大きく二重	小さく一重	大きく二重	大きく二重
虹彩の色	濃い褐色	褐色	さまざま	濃い褐色
鼻の高さと幅	低く広い	低くやや広い	高くせまい	やや低く広い
唇の大きさ	大きく厚い	小さく薄い	大きく薄い	大きく厚い
歯の大きさ	奥歯が大きい	前歯が大きい	小さい	大きい

表4-1　人種による身体的特徴の違い

〈突然、タイムマシンに乗せられて現代に連れて来られ、来館者たちに出会ったときにどのように反応するか〉

それは、彼らが進化の状態や棲む環境によって異なる属性を持ち（表４－１）、年齢や性別、あるいは知能や感情によって異なる反応をすることが予測できるからだ。

猿人では男女のサイズが違い、男性は１・５ｍほどあるのに対して女性は１・２ｍほどしかないが、ルーシーはとくに小さく、１・１ｍほどだった。顔はチンパンジーと似て、脚が短く、ウエストがないので、お世辞にもスタイルがよいとは言えそうもない。判断力はチンパンジーと同じ程度なので、来館者を見て驚いて、涙を浮かべ、鼻水を流している。鼻はチンパンジーと同じように外鼻の軟骨も隆起していないと思われる。眉や唇も、チンパンジーの状態に近い。体毛はかなり多いが、汗の蒸発を妨げるほどではない。体毛は一本一本、根元で貼りつけてある。また、この復元ではルーシーはヒトと同じように白眼が白いが、実際にはチンパンジーと同じように白眼部分に色がついていた可能性もある。なお、人差し指で指さしているのは、チンパンジーには見られないヒト的な演出である（図4－13）。

原人では、男女のサイズの違いが現代人と同じ程度になっていた。トゥルカナ・ボーイの身長は1・6mだが、大人になれば1・8mを超えたろうと推定されている（図4－14）。細長い体型は、暑い草原で長い距離を移動するための適応と考えられる。ただし、大人になれば、男性らしく、もっとがっしりしただろう。鼻や目は現代人に近い復元とした。脳容積は現代人の3分の2ほどなので判断力もあり、来館者に驚きながらも、少年らしく突っ張っている。皮膚は黒褐色だった可能性もあるが、表面形態がよくわかるように茶色にした。

旧人のネアンデルタール人は、ヨーロッパで寒冷な気候に適応して、頑丈な体型と色白の肌を身につけたと考えられる。そこで思い切って、ラ・フェラシーは完全に白人として復元した（図4－15）。じつは一抹の不安もあったのだが、その後、あるネアンデルタール人の化石骨から核DNAが抽出され、現代ヨーロッパ白人の赤毛の人々に特有の塩基配列と同じ塩基配列が確認されたので、ほっとした。顔の部品などは現代人と同様に表現した。頭髪の中心部分はカツラだ

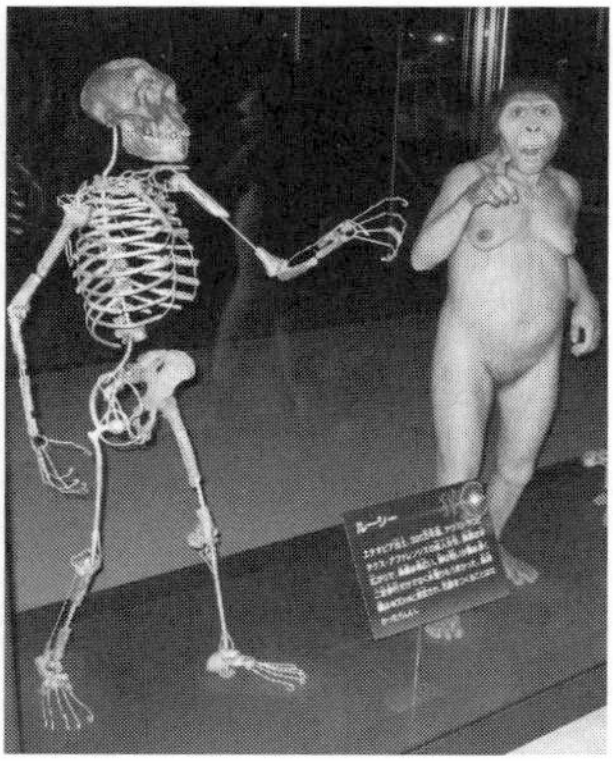

図4-13　アファール猿人「ルーシー」の復元（国立科学博物館所蔵／筆者写す）

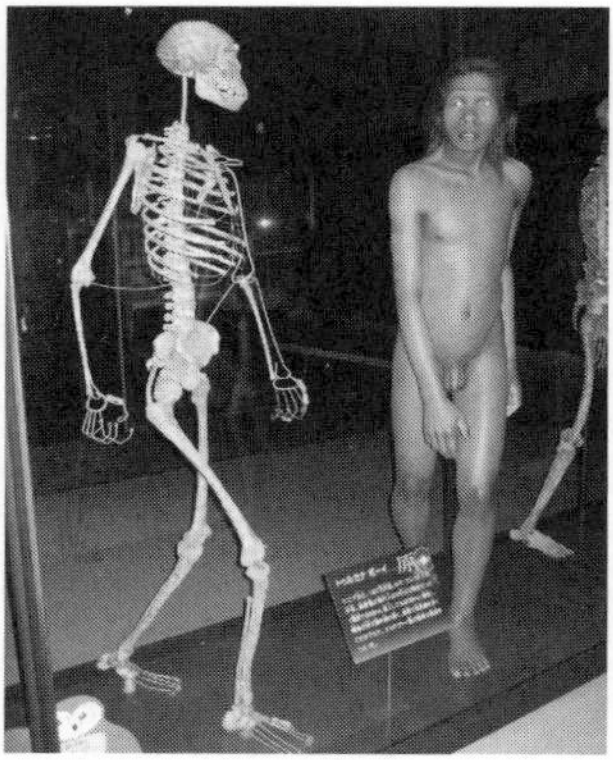

図4-14　原人「トゥルカナ・ボーイ」の復元（国立科学博物館所蔵／筆者写す）

が、頭髪の周辺部と体毛はすべて植えてある。ラ・フェラシーは脳容積が現代人平均より大きいので、来館者を見ても落ち着いていて、逆に彼のほうが来館者を観察している。なお、寒いヨーロッパでは毛皮で身体をくるんでいたはずだが、身体の特徴を見せたいので、トナカイの毛皮を肩にかけるだけにした。ただし製作後10年ほどたって、若干の改良を加え、トナカイの毛皮でつくった粗雑な（縫い合わせてはいない）服を着せた。

芸術家の腕前と想像力でつくりあげる

復元づくりの具体的な作業としては、まず、化石の精密模型を入手し、金属工芸の専門家が金属の支持構造をつくり、模型をつなぎ合わせ、骨格をつくる。姿勢は、いずれも直立しているが、ル

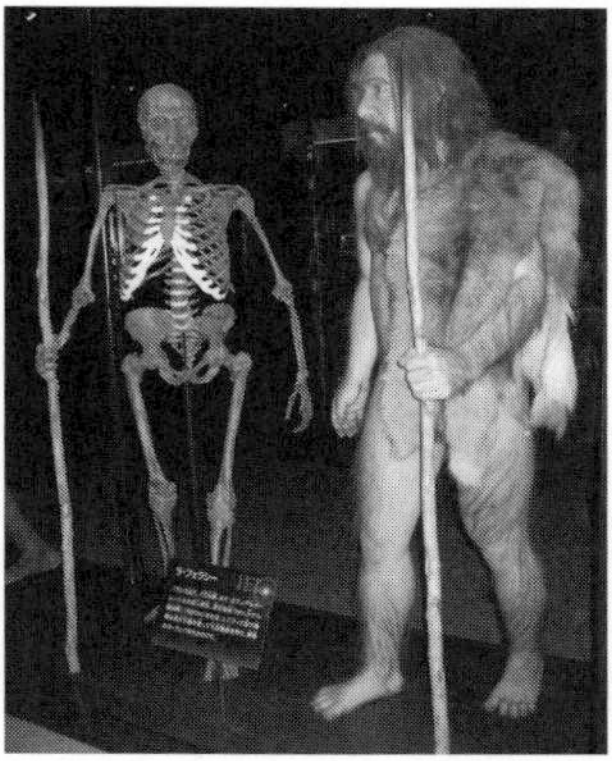

図4-15　旧人「ラ・フェラシー」の復元（国立科学博物館所蔵／筆者写す）

ーシーは腹が突き出ている。生体復元のポーズは、骨格のポーズと鏡像になるように設定する。それは、骨格と生体を斜め向かい合わせに展示するためだ。

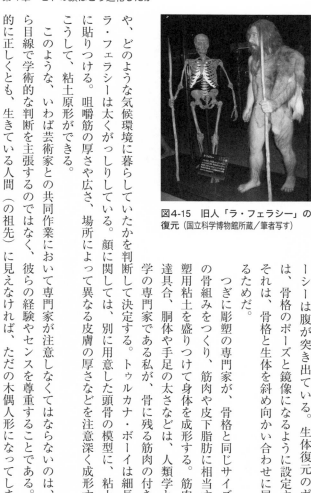

　つぎに彫塑の専門家が、骨格と同じサイズに木の骨組みをつくり、筋肉や皮下脂肪に相当する彫塑用粘土を盛りつけて身体を成形する。筋肉の発達具合、胴体や手足の太さなどは、人類学と解剖学の専門家である私が、骨に残る筋肉の付き具合や、どのような気候環境に暮らしていたかを判断して決定する。トゥルカナ・ボーイは細長く、ラ・フェラシーは太くがっしりしている。顔に関しては、別に用意した頭骨の模型に、粘土を直に貼りつける。咀嚼筋の厚さや広さ、場所によって異なる皮膚の厚さなどを注意深く成形する。こうして、粘土原形ができる。

　このような、いわば芸術家との共同作業において専門家が注意しなくてはならないのは、上から目線で学術的な判断を主張するのではなく、彼らの経験やセンスを尊重することである。学術的に正しくとも、生きている人間（の祖先）に見えなければ、ただの木偶人形になってしまい、展示物にはならないからだ。

粘土原型に石膏をかぶせて雌型をつくり、粘土原形をはずす。雌型の中にプラスチックを流して固め復元像の原形ができる。それに、眼（特製の義眼）をつけたり、皮膚の色を塗ったり、毛を植えたり、さらにシワやシミまで表現すれば、完成である。もちろん、これらの製作過程では、研究者が協力して科学的に妥当かどうかをつねに検証している。

復元をつくる怖さと効用

できあがった復元像は、大人でも子どもでも、一目見ただけで、どのような人だったかを理解することができる。見かけの特徴だけでなく、暮らしに直結する能力や感情までわかる。それは、どのような言葉より雄弁である。

じつは、復元像をつくるのは、担当する研究者にとってはきわめて怖いことなのだ。言葉で説明するのなら、ぼやかすことができるが、実際の形にするには曖昧さは許されない。それは研究者自身の認識を完全にさらしてしまうことになる。たとえば、眉毛はあったか、白眼が着色していたか、外鼻が発達していたか、毛髪は縮れていたかなどの判断は難しく、研究者を悩ませる。しかし、復元像をもとに正当な批判や議論がなされ、研究が進歩することにもつながる。

２０１６～２０１８年に、『ＮＨＫスペシャル　人類誕生』という番組で、初期猿人アルディピテクス・ラミダス、猿人アウストラロピテクス・アファレンシス、初期原人ホモ・ハビリスの姿をCGで復元し、筆者が専門家として監修した。CG復元を担当したのは、現在日本で最も高精細高品位の画像がつくれるスクウェア・エニックスである。監修者として私がしたことは、CGというハイテク・デジタル・ヴァーチャルであっても、基本的には国立科学博物館でローテク・アナログ・リアルに復元をつくった際にしたのと同じことだった。

ただし、国立科学博物館の復元と違って大変だったのは、背景を正確に復元することだった。それには、私がアフリカの現地をよく知っていることが役に立った。大地と空、草木の一本まで、専門的な考証を加えて再現し、ラミダスのオスが集めてくるとされる「イサカマ」という果物も、多くの写真を見ながら熟れ具合を調整して復元した。また、動く映像なので、歩き方に関しては、パントマイムの役者さんにラミダス、アファレンシス、ハビリスの動作を再現してもらい、モーションキャプチャーによって三次元的なデータを採取して映像に表した。もちろん、どのように動き、歩くかは、比較解剖学的な知見や生体力学的な分析などの結果を参考にしたものであり、細かく指示を出した。

ホモ・フロレシエンシスの衝撃

およそ700万年に及ぶ人類進化の過程では、身長と脳が大きくなる傾向があり、逆に小さくなることはないと考えられていた。ところが、2003年、インドネシアのフローレス島で驚くべき発見がなされた。そこで見つかった女性個体の骨格化石は、年代がおよそ5万年前であるにもかかわらず、約300万年前の猿人と同じく、身長は1・1m、脳容積はわずか420mlしかなかったのである(図4-16)。偶然にも、アファレンシスのルーシーと似ている。

翌年、「ホモ・フロレシエンシス」と名づけられたこの化石の研究が『ネイチャー』誌に載ると、世界中の人類学研究者たちの間に衝撃が走った。

フローレス島は一度もアジアの大陸や島々とは陸続きになったことはない。だが、これまでも小型のゾウの仲間などの化石が見つかっていて、アジアから偶然に漂着し、独自の進化(「島嶼効果」という)を遂げたと見なされていた。では、フロレシエンシスもほかの動物と同じように、どこからか漂着して小型化したのだろうか、それとも、もともと小さかったのだろうか。

最初の研究では、フロレシエンシスの頭骨はアフリカや西アジアの初期原人と類似し、四肢骨は猿人あるいは類人猿と似ているなどと考えられた。さらに、成長異常の新人という珍説まで飛び出した。だが脳の形は猿人や成長異常の新人とは違い、原人と似ていることがわかった。

一緒に見つかった石器も、原人のつくる石器と似ていた。そして、同じような石器が80万年ほど前の地層からも見つかっているので、フロレシエンシスはその当時からここに住んでいたことは確実となった。さらに最近では、70万年ほど前のフロレシエンシスの祖先の化石骨が見つかり、その時代に、すでに超小型になっていたこともわかった。

国立科学博物館の海部陽介と私は、以前からジャワ原人の研究をしていたので、２００６年以降、フロレシエンシスの研究に加わることになった。フロレシエンシスの顔は眼窩上隆起が発達し、額が平らで、歯は顔のわりには大きく、口が出っ張っているが、猿人とは違い、原人と似ている。残念ながら鼻の部分が欠けていて、どれくらい隆起していたかわからない。

図4-16　ホモ・フロレシエンシスの復元
（国立科学博物館所蔵）

海部を中心とする頭骨の比較形態分析では、ジャワ原人と最もよく似ていることが判明した。したがって、おそらく１００万年前あるいはそれ以前に、初期のジャワ原人の仲間が東南アジアのどこかから、たとえば津波によって流されてフローレス島に漂着し、小型化した可能性が高いと結論づけられた。彼らの大冒険に敬意を表したい。

２０１０年には、ＮＨＫでの番組制作と協力して、フロレシエンシスの生体復原模型とフローレス島にいた動物たちの復元ＣＧが制作され、国立科学博物館に展示された。

ネアンデルタール人の顔

ネアンデルタール人の化石が最初に発見されたのは、ダーウィンが１８５９年に「種の起源」を発表し、人間がサルから進化したことを暗示した直前だった。その後も、ネアンデルタール人の化石が何回か発見されたが、当時は特有の病気にかかった人々、あるいは辺境の現代人だと思われていた。

その後、ネアンデルタール人が人類の祖先の一員であることは認識されたが、それからも、現代人の祖先であるかどうかは疑問視され、ネアンデルタール人はチンパンジーに近い存在と見なされていた。それは、眼窩上隆起が発達して額が傾斜していたからである。その結果、ネアンデルタール人に対して獰猛な野蛮人や愚鈍な原始人というイメージが世間に流布した。

第二次世界大戦後に、ネアンデルタール人が高度な文化を持っていたことが明らかになり、知性を持つ人間としてようやく認識された。服を着せたらニューヨークの地下鉄に乗っても違和感がないとまでいわれた。１９６０年代以降は、ヨーロッパ人の直接の祖先であるとも考えられた。最近では、化石の核ＤＮＡ分析から、種としては絶滅したことがわかったが、一部の遺伝子をヨーロッパ人およびアジア人と交換していたこともわかり、人々を驚かせた。

ネアンデルタール人の骨を見ると、眉の部分が発達し額は傾斜しているので、いわゆる原始的な印象があるが、顔の正中部、つまり眉間から鼻と口が前に突出し、頬は後ろに引っ込んでいる。鼻は広く強く隆起している。それは、寒さに対する適応として、鼻腔の容積を増したためと考えられる。サピエンスと比べると歯列が前進しているので、顎の先のオトガイは出っ張らないが、猿人や原人のようにオトガイが強く後退しているわけではない。

日差しが少なかったので、肌や髪、虹彩の色は薄かったはずだ。顔全体としては、現代ヨーロッパ人とやや似た印象がある（図4-15を参照）。

図4-17　ネアンデルタール人の復元
（石井礼子画）

国立科学博物館地球館に展示されたこれらの生体復元像を見ていると、数百万年の進化の過程で私たちの祖先が、異なる環境に適応し、いかに身体的な特徴と能力を発展させてきたかがわかる。おそらく苦労の連続で、絶滅した仲間も多かっただろう。生き延びて私たちに命をつないでくれたことに感謝しよう。

第5章 日本人の顔

日本列島には、原人や旧人は住んでいなかったようだ。しかし、遺跡や石器の証拠によると、４万年近く前から、新人、つまりホモ・サピエンスが住んでいたことは確かである。では、彼らはどのような顔立ちをしていたのだろうか。

5-1 最古の日本人の顔は「アフリカ由来」

日本列島最古級の骨格化石

日本列島で発見されている最古の人骨は、約３万８０００年前にさかのぼる沖縄本島の「山下町第１洞穴人骨」である。だが、これは子どもの脚の骨（大腿骨と脛骨）なので、顔立ちはわからない。

同じ沖縄本島の港川採石場で１９７０年前後に発見された「港川《みなとがわ》人骨」は、約２万年前と年代は新しいが、４体分の個体骨格が含まれていて、長いあいだ、最古の日本列島人の姿を示すといえる存在だった。なお、港川人の化石には私自身も大学院生だった１９６８年から発掘と研究

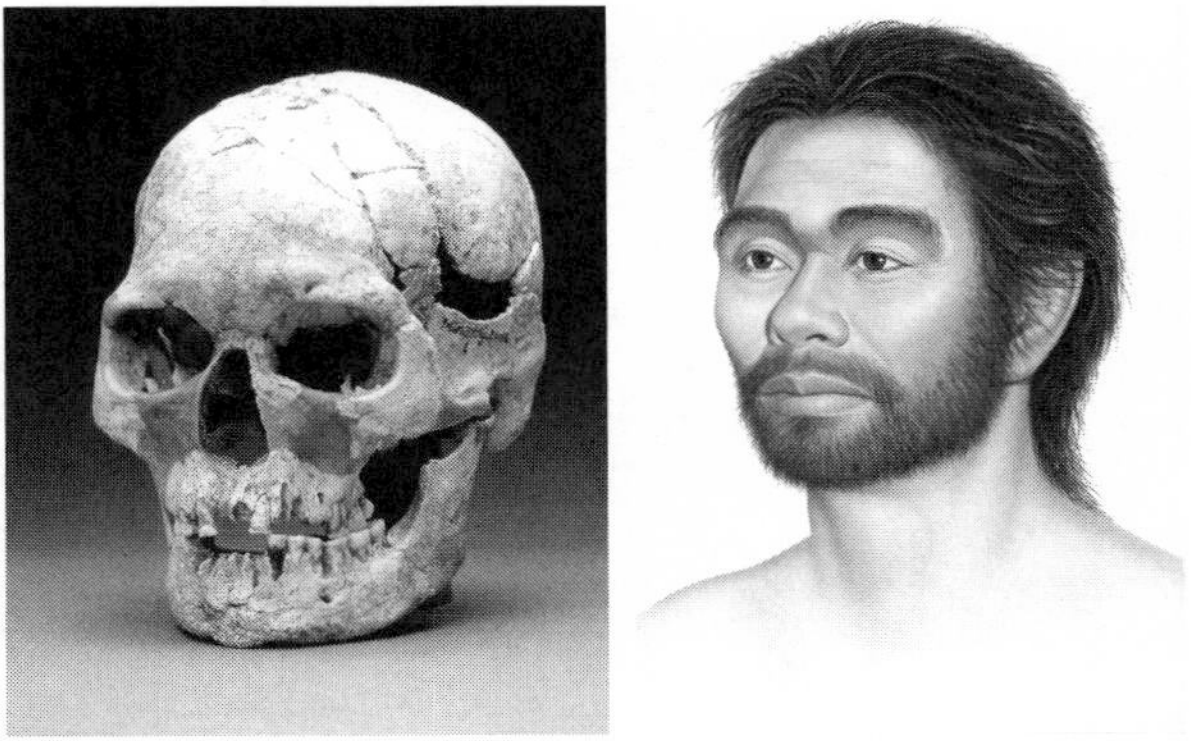

図5-1　港川人１号の頭骨（左）と復元
（左：東京大学総合研究博物館所蔵　右：石井礼子画）

に携わっているので、自分の祖先であるかのような愛着を感じている。

ところが、２００８年以降に石垣島の白保竿根田《しらほさおねた》原《ばる》洞穴で発掘された白保人《しらほじん》化石の中には、約２万７０００年前の個体もあることがわかり、港川人は「最古の日本人の顔」という称号を白保人に明け渡すことになった。この白保人骨に関しては、私も発掘調査委員長を務めたことがあり、発掘後には知己の中堅若手研究者たちが多くの成果をあげている。

ただし、形態特徴という面では、港川人の顔は、白保人よりさらに古い、いわば４万年前の状態をとどめていたと解釈できるのである。なぜそういえるのかを、とくに保存状態がよい壮年男性の人骨、いわゆる「港川人１号」を見ながら、くわしく検討してみよう（図５－１）。

港川人１号の頭骨は、全体として幅が広く、上下に低く、構造はきわめて頑丈である。頭（脳頭蓋）は単に広いだけでなく、最も広い部分が耳のすぐ上にあって、旧人の状態と似ている。縄文人や現代人では、頭の最も広い部分は頭頂部に近い。

新人（ホモ・サピエンス）としては異例なほど、前頭骨が小さく、側頭筋を収容する側頭窩が深く発達している。横から見ると、眉間が著しく膨隆し、額は後ろに傾いていて、後頭部もかなり突出している。つまり、港川人の頭は現代人によく見られるような楕球形ではなく、ラグビーボールの形にやや似ている。脳頭蓋の骨は厚く、現代人平均の５㎜に対して８㎜もあり、原人や旧人の10㎜に近い。

港川人の顔は幅広く頑丈

顔の骨も、港川人は独特である（図５－２）。まず幅が広く、上下に低く、奥行きがある。頬骨とその後方の頬骨弓が横に張り出しているので、そこに付着する咬筋や、その内側に入る側頭筋が発達していたはずだ。歯が生えている歯槽骨は厚く、噛む力が非常に強かったことを示している。

下顎骨は、その下縁が下方に凸に湾曲し、いわゆる「揺り椅子」状（平らな面に置くと前後にロッキングする）である。この特徴は、オセアニア人の頑丈な下顎骨によくみられるが、日本列

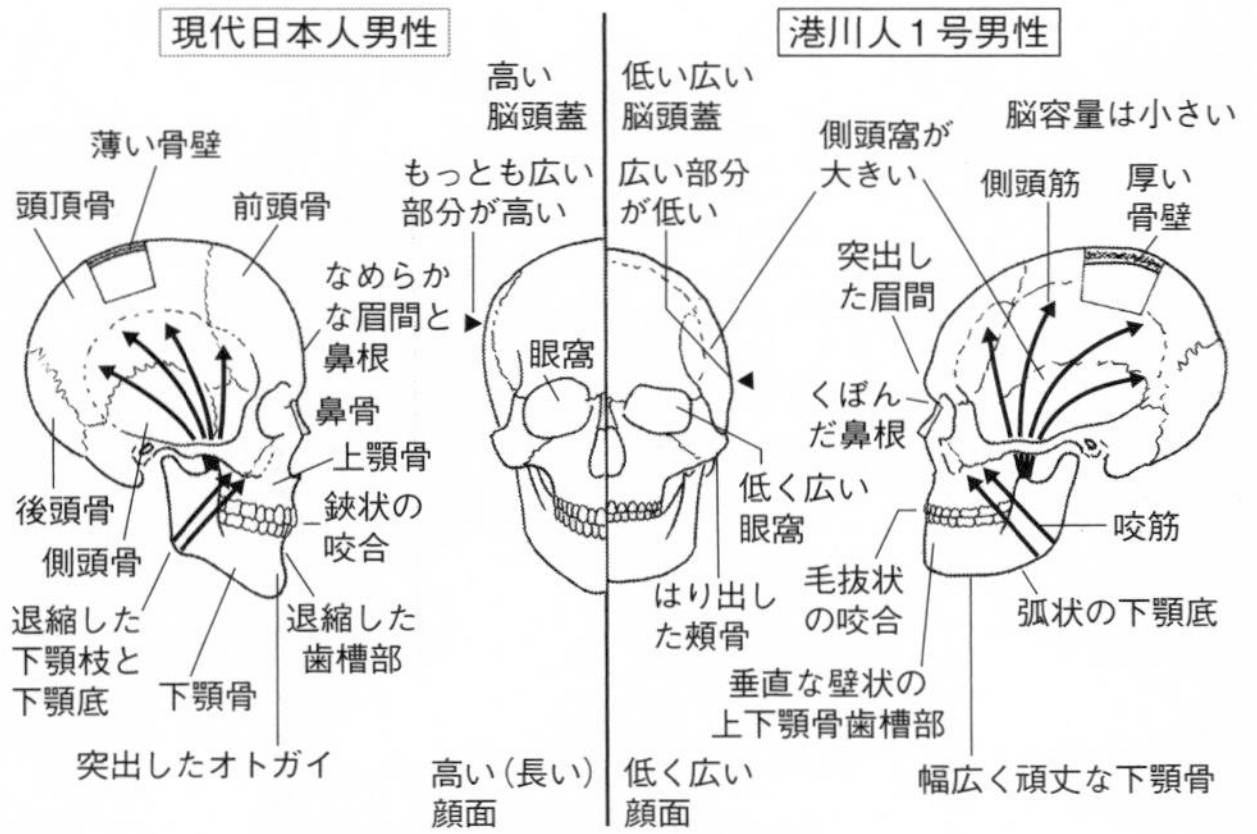

図5-2　港川人１号（右）と現代人（左）の頭骨の比較
港川人１号は矢印で示した側頭筋と咬筋が発達している

島では、港川人のほかには、縄文人にも弥生人にも、それ以降の人々にもほとんどみられない。また、側頭筋がつく下顎骨の筋突起は、小さく低い。これはオーストラリア先住民とも似ているのだが、機能的には、発達した側頭筋前部が筋突起の付近全体に付着するので、付着部が突起として発達する必要がなかったと解釈できる。

顔を横から見ると、眉間が突出し、鼻根は強く窪み、鼻梁は盛り上がっている。いわゆる彫りの深い顔立ちであり、生きているときの彼はきっと、険しい印象を与えていただろう。切歯は直立しているので、口元は引き締まっていたはずだ。歯の咬耗が激しく、とくに切歯では、歯冠（エナメル質で覆われている部分）の半分以上が磨り減って、上下の歯がぴたりと合う鉗子状（爪切り状）の噛み合わせをしている。

港川1号人骨の推定身長が153㎝であるように、総じて港川人の身体は小柄で、上半身は華奢である。しかし、下半身はそれなりに頑丈で、手と足は身体のわりに大きい。さらに顔は、きわめて頑丈である。それは港川人が経験した、沖縄における旧石器時代の放浪性採集狩猟生活の実態を表しているのだろう。

狭い沖縄では食料が少ないので、身体はできるだけ小柄のほうがよい。だが、山の多い地形を歩き回るには、下半身はしっかりしている必要がある。靴もないので、足は頑丈だった。整った道具がないので、手も大きめだった。ヤンバルクイナを捕らえれば骨ごと食べ、カニは殻ごと食べ、硬い根茎や木の実など粗雑な植物も食べたので、顎の骨が頑丈になり、噛むための筋肉が著しく発達したのだろう。あるいは、初期サピエンスとしての頑丈な状態を保つことができたのだろう。

アフリカからやってきた姿をとどめる

港川人の頭や顔は、ヨーロッパやアジアの同時代の新人化石と比べると、多くの点ではるかに原始的である。のちの時代の縄文人は、立体的な顔立ちや頑丈さという点でやや似てはいるものの、港川人に比べるとはるかに現代化していて、違う点が多い。なぜ、港川人は独特の原始的ともいえるような特徴を持っているのだろうか。

それを解釈する背景として考えられるのは、まず、前に人種の特徴で述べたように、オーストラリア先住民は、アフリカから拡散した初期ホモ・サピエンスの特徴を保持していて、頑丈かつ彫りの深い顔立ちをしていることである。次に、東南アジアにおいて起きた新人の集団どうしの交代現象である。東南アジアで発掘される人骨形態から判断すると、少なくとも1万年前までは、東南アジアの大部分には、オーストラリア先住民とその仲間が住んでいたことがわかっている。すると、オーストラリア先住民と似た、いわゆる原始的にも見える特徴を持つ港川人は、オーストラリア先住民の仲間たちの2万年前における分布の北限を示す存在だった可能性がある。

なお、港川人と同時代の、中国の北京郊外の周口店で発見された山頂洞人は、港川人のような原始的ともいえる特徴を示さず、形態進化の面ではのちの縄文人にも匹敵する状態である。

したがって、港川人の祖先は、オーストラリア先住民とも似ていた4万年ほど前の初期アジア人であって、その頑丈な（原始的な？）特徴を持ちながら、大陸から隔絶された沖縄に渡り（どのようにしてかはわからない）、独自の進化を遂げて（と言うよりほとんど変化なしに）、２万年前の港川人になったと解釈できる。

じつは、２０２０年になって、港川人骨から採取されたミトコンドリアＤＮＡの解析により、港川人は現代東アジア人すべての根幹に当たる塩基配列を持つことがわかった。すなわち、ここまで述べてきたような形態学的な判断と整合することが明らかになったのである。50年以上も形態研究をしてきた私としては、正直、うれしかった。

その意味では、港川人の下顎骨が、オーストラリア先住民の仲間であるニューギニア人とアジア人との混血であるオセアニア人とも似ているという解釈も納得できる。ただし身体は、オーストラリア先住民が平原に適応して細長いのに対し、港川人は狭い山地に適応して小柄である。

さて、そうすると、港川人より古い白保人はどうなったのだろうか。個人的見解としては、白保人は、港川人よりも現代化しているが縄文人よりは原始的ともいえるので、港川人の祖先とは考えられない。白保人はおそらく3万年前以降に石垣島に渡ってきたのだろうが、沖縄本島の数千年前の縄文人との関係はまだわからない。

なお、日本人が3万年前に、台湾あるいは中国沿岸部から海を渡って沖縄にやってきた可能性を探るために、国立科学博物館の海部陽介を中心とする「3万年前の航海 徹底再現プロジェクト」が実施されたが、草束舟や竹筏舟などの当時と同じ手段では沖縄最西端の与那国島に到達できず、3万年前の祖先との知恵比べは負け続けている。じつは最後に丸木舟をつくって、すべての面で最高の条件を整えた結果、かろうじて航海には成功したが、現実には3万年前にはそんなことはありえなかったと思われる。

5-2 縄文人の顔は南方由来か

「縄文時代」という名称は、縄目模様のついた土器に由来している。日本列島で土器がつくられはじめたのは1万数千年前で、世界でも最古級である。その土器をつくった人々を「縄文人」と呼んでいるのだ。ただし、縄文人の姿がわかるほど保存のよい人骨は、1万年前の縄文時代早期以降の遺跡でしか発見されていない。

縄文人は真っ赤な漆塗りの櫛やピアスをつけたり、岡本太郎が絶賛した火焔型土器をつくったりして、思いのままに自己を表現していた。しかし、彼らの暮らしは必ずしも安楽ではなかった。日本列島の自然は豊かだったが、その恵みを利用するにはさまざまな工夫が必要であり、共同で厳しい作業をこなすこともあった。そんな縄文人の姿と暮らしをのぞいてみよう。

世界の平均的な顔に近い

まず、縄文人の頭骨を現代日本人の頭骨と比べてみる。

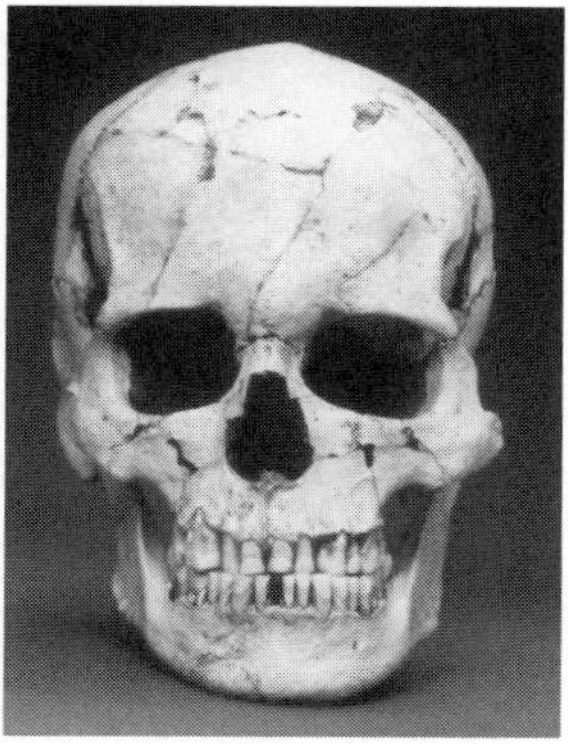

図5-3　縄文人の頭骨（左）と復元
（左：国立科学博物館所蔵　右：石井礼子画）

縄文人の顔は低く（短く）、幅広く、全体に四角い印象で、眼球の入る眼窩も、横長で四角い。現代人の顔は細長く、楕円形の印象で、眼窩は外側が下がるようにひしゃげた円形である（図5－3）。

縄文人の顔の骨は、構造が頑丈である。港川人ほどではないが、コメカミの側頭筋や頰の咬筋という咀嚼筋がつく部分が発達している。歯が生えている歯槽骨は、厚く平らで、現代人のように薄く引っ込んではいない。歯は大きく磨り減っていることが多い。中年以降の個体では、歯冠の大部分が擦り減っていることも珍しくはない。前歯の嚙み合わせは、上下の歯がぴったり合う「毛抜き状（鉗子状）」である。ちなみに現代人では、歯はほとんど磨り減らず、上顎の歯が下顎の歯より前に出て被さるような「はさみ状」の嚙み合わせである。

じつは、縄文人の歯は、世界中でも最小といえるほど小さい。あとで述べるように、現代日本人より小さいのだ。それは縄文人の祖先が、果物など軟らかい食物の多い東南アジアに住んでいたためと考えられている。歯が小さかった縄文人は高齢になると歯が磨り減るが、縄文土器を発明したおかげで食物を調理できるようになり、生き延びることができたのだろう。

横顔を見れば、縄文人は眉間が突出し、鼻根が凹むが、鼻背は隆起しているので、彫りが深い感じがする。また、歯が小さいので、口元が引き締まっている。なかなか端正な顔といえる。そこへいくと現代日本人は、眉間から鼻にかけてなだらかなことが多い。しかも、歯が大きいので、出っ歯ぎみの人が多い。

骨からわかる縄文人のこのような顔立ちは、世界的に見るとごく普通である。そして、そのような顔立ちの人々はたいてい、眼が大きく、眉が太く、唇が厚めで、いわゆる「濃い顔」をしている。そこで縄文人もそうだったと推測できる。じつは、のちに述べるように、縄文人の形態特徴やＤＮＡを多く受け継いでいるアイヌの人々も、まさにそういう顔なのだ。

そもそも縄文人の祖先は、港川人もそうだが、５万年ほど前にアフリカから東南アジアにやってきたオーストラリア先住民の人々が、４万年ほど前に東アジアにやってきて独自の進化を始めた初期アジア人だったと考えるのが妥当であろう。ただし、北方のステップ地帯を経由してやってきた人々とも混血した可能性はある。そして縄文人は、その特徴をとどめながら、文化的発達によってさらに現代化した人々といえる。だから、世界中の人々の平均的な顔立ちに近いのだ。では現代日本人の多くが縄文人とは似ていないのはなぜだろうか。その理由はあとで述べる。

顔の骨から推測する「ある縄文人の容貌と生活」

縄文人は何を食べていたのだろうか。考古学的な調査によると、海の近くでは、縄文人たちが捨てた貝殻や動物の骨などが埋まった貝塚が発見されている。内陸では、ドングリなどの堅果を大量に溜めた穴や、砕いて水に晒していた跡も見つかっている。しかし、実際に何をどれくらい食べていたかはわからなかった。

じつは最近になって、縄文人の骨に含まれる微量の炭素や窒素の安定同位体を分析して、具体的にどのような食物をどれくらい食べていたかを推定できるようになった。たとえば、関東地方の海岸近くでは、植物が主体だが魚介や陸上動物も食べていた。バランスがよく、昭和20年代の素朴な食事とも似ている。それに対して、北海道では大部分が動物で、とくにサケやアザラシなどを捕っていたことがわかった。つまり、縄文人はそれぞれの地域で得られる食物を精一杯利用していた。

具体的に、私自身が研究した、ある縄文時代早期人を紹介しよう（図5－4）。それは、埼玉県皆野町の妙音寺洞穴で発見された約９０００年前の壮年男性で、洞窟の中に、左側を下にし

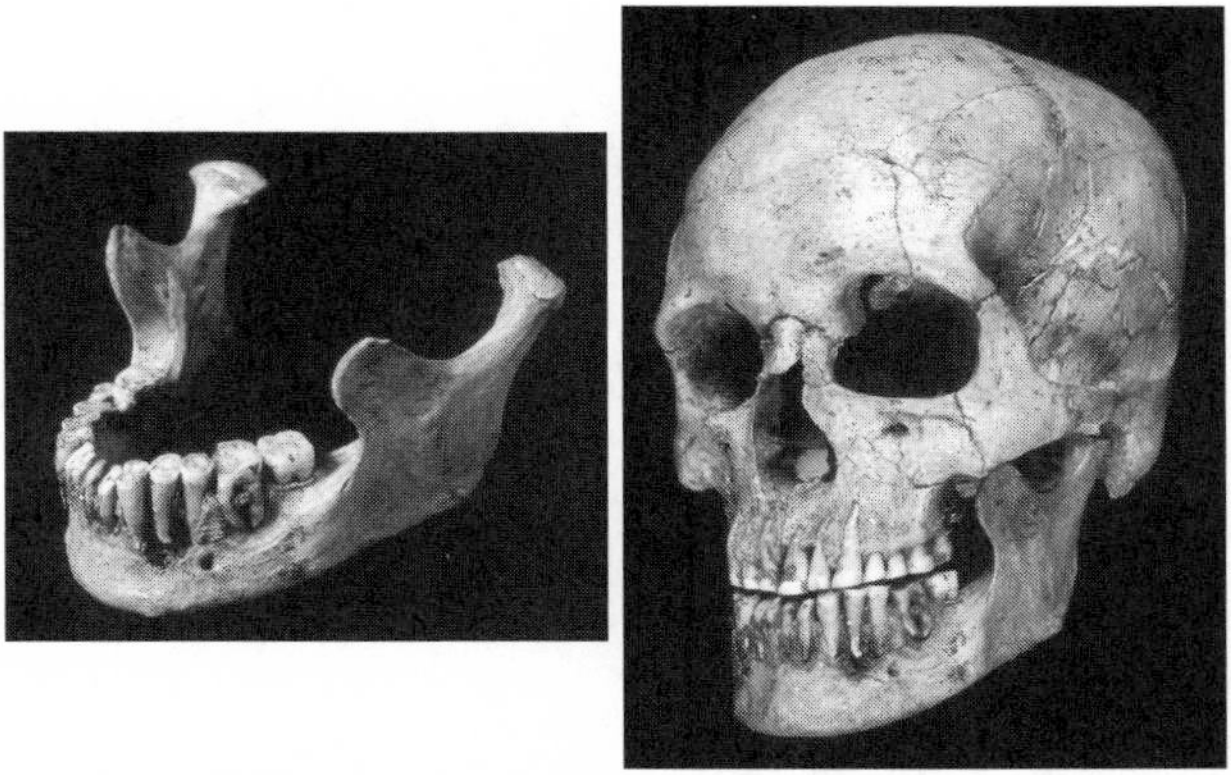

図5-4　妙音寺洞穴で発見された縄文人男性の頭骨と下顎骨
（埼玉県埋蔵文化財センター所蔵／筆者写す）

て、手足を曲げた姿勢で埋葬（屈葬）されていた。推定身長は１５３㎝と小柄である。全身の骨格では、腕や脚の骨は細いが、筋肉がついている部分はよく発達していた。おそらく走るのは速かったろう。

顔の骨格でも、顎が小さく、鼻の骨はかなり隆起して、口が引っ込んでいた。生前の彼はおそらく、端正な顔立ちに見えたはずだ。しかし、側頭筋のつく下顎枝の筋突起が極めて広く、しかも前方に位置しているので、側頭筋が発達していて、歯を噛みしめる力が効率的に働いていたことがわかる。なお、筋突起の形は、縄文人と港川人とではまったく違うので、両者の系統が違うという判断材料の一つになっている。咬筋のつく下顎角（顎のエラの部分）は後下方に拡大し、その部分で下顎骨がほぼ直角に曲がっている。これも、咬筋がよく発達していたことを示している。

横から見ると、前歯は垂直に立っている。それは、隣り合う切歯や犬歯の歯冠が、互いにこすれて磨耗することによって、歯列前部の長さが短くなり、歯冠の部分が後ろに下がったからだ。そのために、口が引き締まって見えるのだ。このような状態は、ホモ・サピエンスとしての本来の歯の使い方をしていた結果といえる。

歯は全体が平らに減って、臼歯の歯冠が半分ほどなくなっている。そこから、下顎骨を横に楕円を描くように動かす臼磨運動をして、硬い食物を磨りつぶしていたことがわかる。それはほかの縄文人でもよく見られることなので不思議ではない。ところが、彼の場合はさらに、下顎の切歯4本では歯冠が完全に磨り減り、歯根が斜めに磨り減っている。左の第1大臼歯も、斜めに磨り減っている。どうすればこんな減り方をするのかはわからない。平らな棒状の物体をくわえて、何か特殊な作業をしたのだろうか。たとえば、皮を鞣すには柿渋に漬ける方法もあるが、それができないときは、大きな生皮を一部分だけ、順に口に入れて嚙む方法もよく用いられる。しかし彼の場合、上顎の切歯は平らに減っているので、少なくとも、皮を鞣すために口に含んでしごくようなことをしていたわけではないと思われる。

さらに、歯槽骨には化膿した痕がいくつも見られる。歯周病が進行したか、あるいは歯髄が細菌感染を起こして根尖膿瘍が拡大したのだろう。歯痛には悩まされていたはずだ。厳しい暮らしが想像できる。

　奇妙なのは、頭の骨の壊れ方が、左右で違うことだ。左側の骨は、埋まっているときの土砂の圧力でいくつかの破片に分かれていたが、接着するときれいにつながった。しかし、右側の骨では、それ以外に円形の割れ目が二重にあった。しかも、部分的に骨が失われていた。おそらく、彼が左側を下にして寝ているときに、誰かが大きくて平らな石を頭に落としたのだろう。あるいは、彼自身が倒れて平らな石の上に頭をぶつけたのかもしれない。いずれにせよ、彼が亡くなってしばらくしてから仲間に発見され、運ばれて、洞窟に丁寧に埋葬されたものと思われる。その途中で、骨の一部が失われたのだろう。

5-3 弥生人の顔は北方由来か

私たち日本人の顔は、自分では見慣れているので普通の顔に見えているが、ヨーロッパ人やアフリカ人から見ると、ずいぶん変わっている。アジア人の中でも、私たちと同じような顔は北東アジア人にしか見られないのだ。それはどうしてだろうか。日本人の顔の歴史を遡って、その理由を探ってみよう。

縄文から弥生へ大きく変わった顔

これまで見たように縄文人の顔は、四角く、彫りが深く、口が引き締まって、いわゆる濃い顔だったことがわかっている。それはヨーロッパの旧石器時代の人々とも似ていた。ところが、約2800年前から、九州北部や本州西部などに、縄文人とは違う顔の人々が住みはじめた。彼らの顔立ちは長円で、平坦で、口がやや出っ張り、のっぺりとしていた。それは現代日本人にもよく見られる顔だった（図5-5）。そして身長も、男性で平均163cmと、縄文人男性の平均1

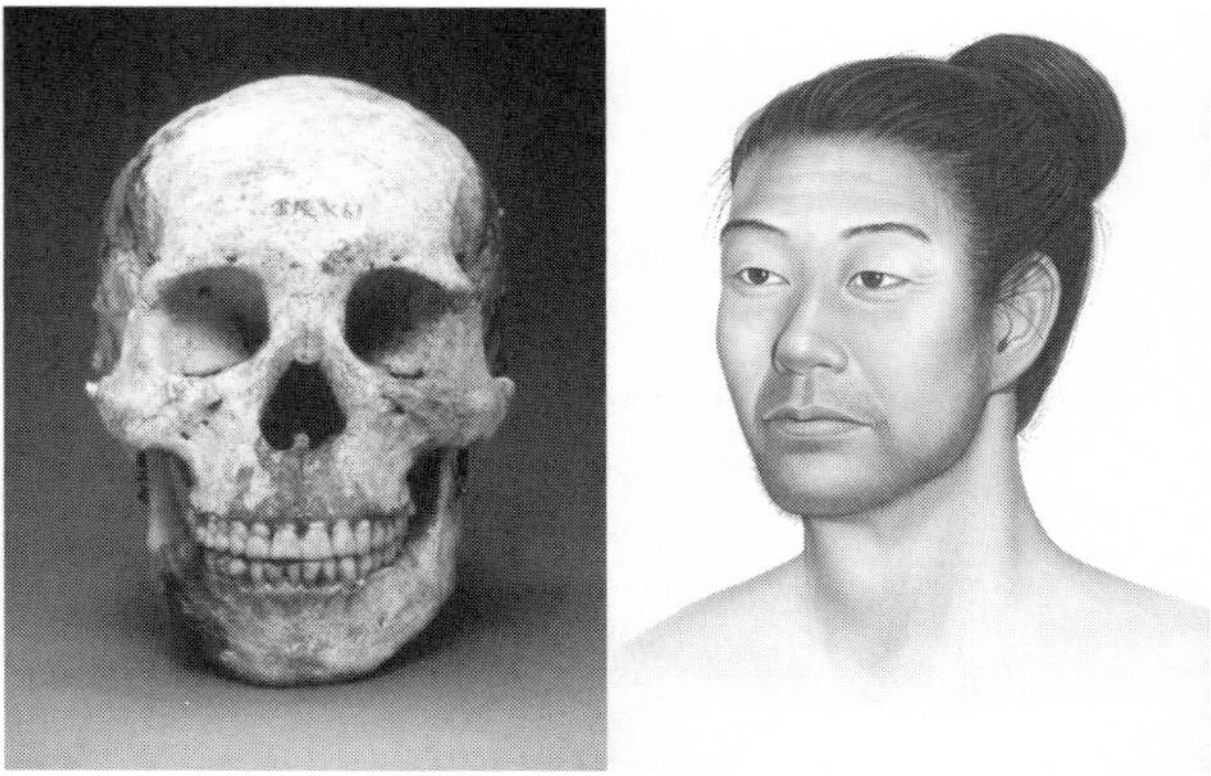

図5-5　渡来系弥生人の頭骨（左）と復元
（左：九州大学総合研究博物館所蔵　右：石井礼子画）

５９㎝よりもかなり大柄だった。

彼らは水田で稲作をして、金属器を使う文化を持っていた。また、縄文時代とは違う、無紋で薄手の土器をつくった。そこで、最初にそのような土器が発見された、東京・文京区の弥生町（現在の東京大学構内！）の名前を採って、彼らの文化を弥生文化と呼び、その時代を弥生時代、そして彼らを弥生人と呼ぶことになった。やがて彼らは人口を増し、日本列島全体に徐々に拡がっていった。

彼ら弥生人は何者なのだろうか。縄文人が急に姿を変えて弥生人になり、縄文文化が急に弥生文化になったのだろうか。じつは、最近の人類学や考古学の研究から、彼らは２８００年前以降に中国大陸や朝鮮半島からやってきたことがわかっている。そこで、彼らを「渡来系弥生人」と呼ぶことになった。なお、それに対し、弥生時代に生き残っていた縄文人の子孫は「在来系弥生人」と呼ばれる。

では、渡来系弥生人は、なぜ縄文人とは違った平らな顔をしていたのだろう。彼らの祖先も、縄文人の祖先と一緒に、4万年ほど前にアフリカから東南アジアをへて東アジアにやってきた。そのときは、彼らも彫りの深い顔だったはずだ。彼らに何があったのだろうか。

寒冷適応と北方アジア人の成立

渡来系弥生人と同じような顔立ちをした人々は、中国北東部や朝鮮半島に多いが、そのような特徴を最も色濃く持っているのは、シベリアのブリヤートやツングースなどの北方アジア人である。したがって、渡来系弥生人の祖先はシベリアで暮らしたことがあるのではないかと想定されている。では、そもそも、彼らは零下50度にもなる厳寒の地に、いつから、どのようにして住みついたのだろうか。そして、そのあとになぜ、日本列島にまでやってきたのだろうか。

約4万年前、アフリカから中央アジアにやってきた人々は、旧石器時代後期の石刃《せきじん》技法によるスイス・アーミーナイフのような石器道具キットを持ち、洗練された生活用具や狩猟道具をつくっていた。とくに重要なのは、3万5000年ほど前の、骨や角を材料にして細工した「縫い針」の発明である。針孔《めど》のある縫い針が発明されて初めて、動物の皮を使った気密性の高い衣服、帽子、靴、手袋などがつくられた。さらに、ソリ、カンジキ、テントなど、多様な材料を組み合わせた生活用具もつくられ、シベリアに進出して零下50度にもなる冬を初めて過ごすことができるようになった。トナカイやマンモスを狩って暮らしていたのだろう。

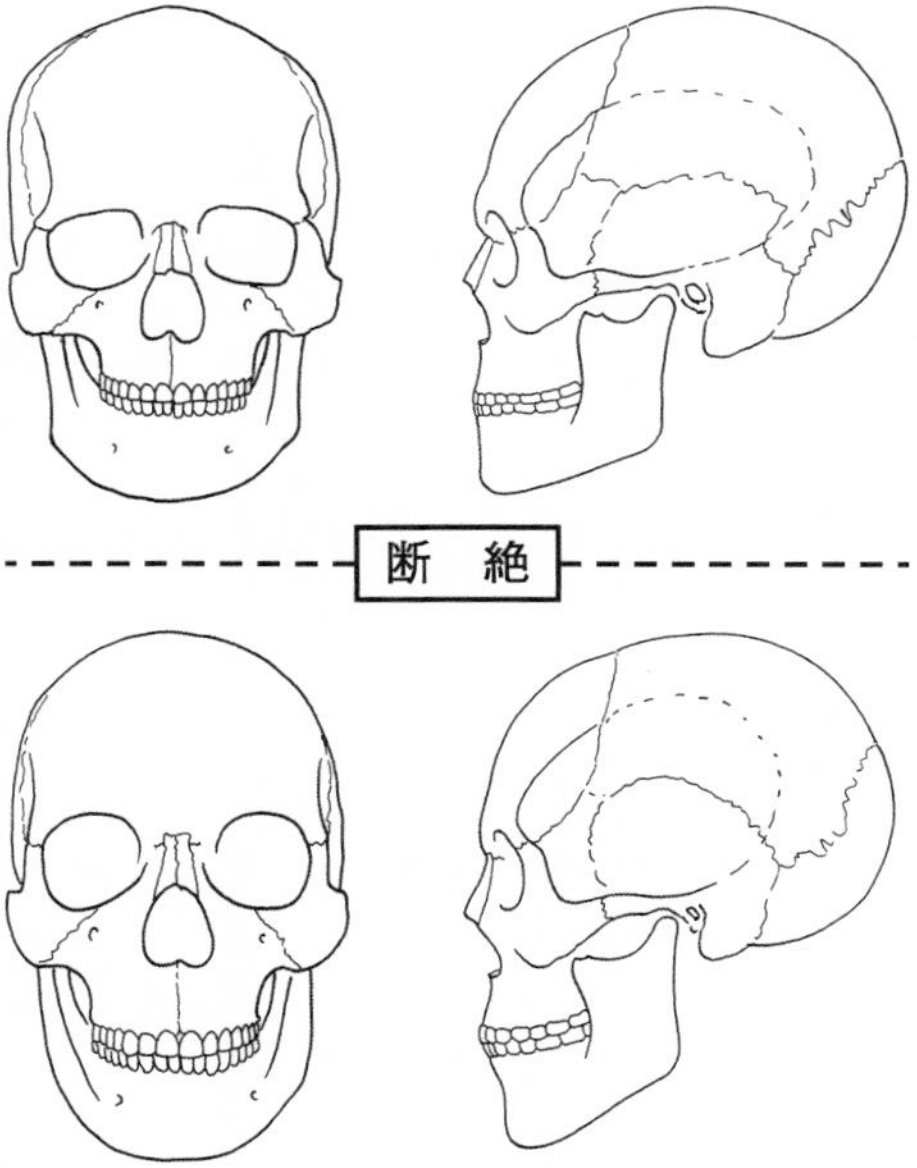

図5-6　縄文人の頭骨（上）と渡来系弥生人の頭骨
縄文人の頭骨は四角く直線的で立体的、眼窩は横長の四角、鼻背が高く、口は引き締まる
渡来系弥生人の頭骨は長円で曲線的、平坦、眼窩は円形、鼻背が低く、口はやや出っ張る

やがて彼らは、厳寒の気候に適応して、体熱の発散が少なく、凍傷になりにくい特徴の体型に変わっていった。身長のわりに腕や脚が短くなったのだ（胴長短足の起源！）。

また、鼻が低くなり、顔が平らになった（図5－6）。皮下脂肪が多くなり、眼が小さく、一重瞼になった。髭・眉・睫毛も、吐く息が凍ってツララができないように、少なくなった。それにつれて体毛も少なくなったと考えられる。凍傷になりやすい唇や耳たぶも小さくなった。凍った肉を噛んだり、皮を鞣したりするために歯と顎が大きく頑丈になった。

皮を鞣すには、大きな歯、頑丈な顎、強力な咀嚼筋が不可欠である。実際には、よく噛むことにより側頭筋や咬筋が発達すると、それがついている頬骨も前と横に出っ張るので、顔がさらに平坦になる。極端な場合には、鼻が顔の中央で引っ込むようになる。

もちろん、生きているうちに顔や身体が大きく変化するわけではなく、そのような特徴を持った人ほどうまく暮らすことができ、子どもをたくさん育てられるので、そのような特徴に対応する遺伝子が選択されて増え、集団全体の特徴になるのだ。これが、いわゆる北方アジア人誕生の想定ストーリーである（寒冷適応仮説）。

現代日本人の形成に向かって

独特の顔立ちと体つきを持った北方アジア人は、どのようにして日本列島にやってきたのだろうか。これについては確実な証拠がなく、いまだ推測の域を出ない。しかし、次のようなかなりの説得力を持つ仮説も提唱されている（図5－7）。

数千年前、北方アジア人が北東アジア全域に広がっていったらしい。おそらく、気候の変化と

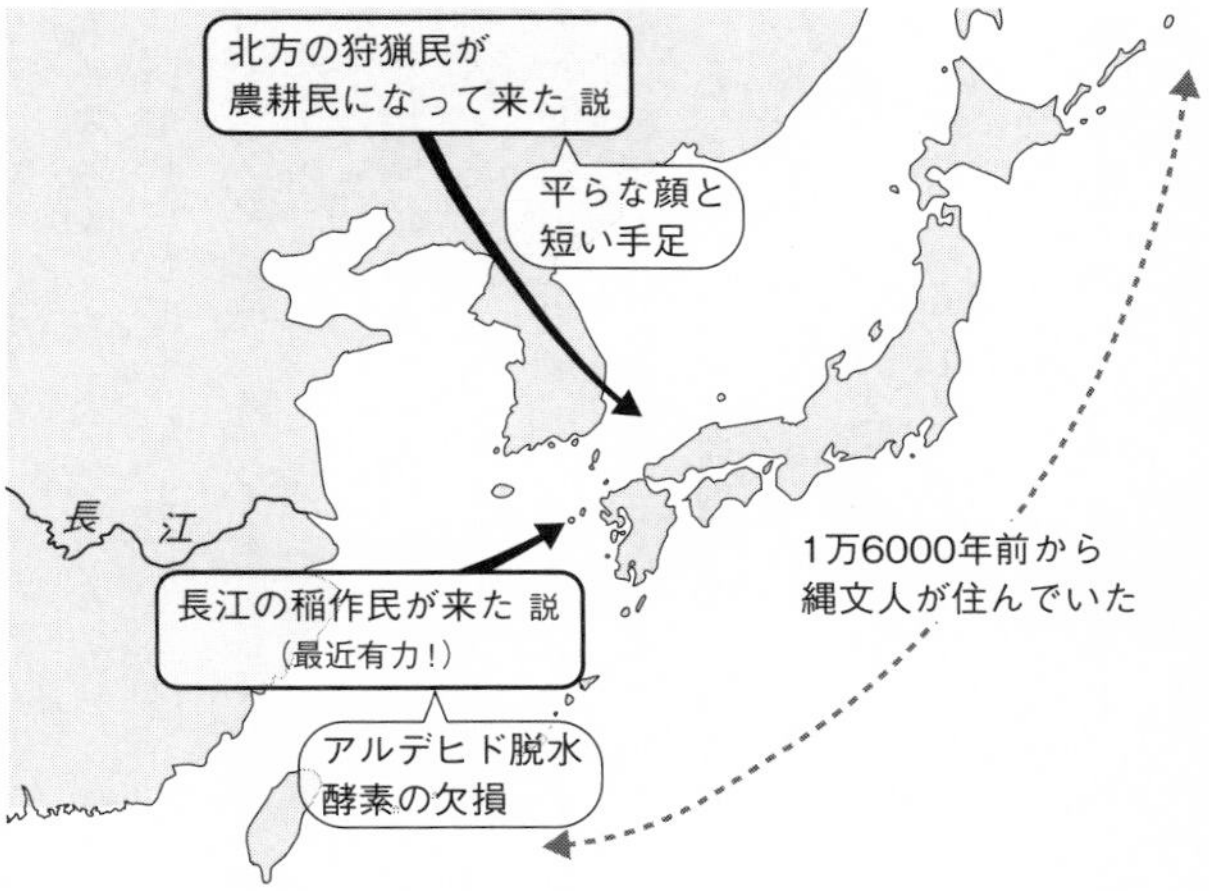

図5-7　北方アジア人が日本列島にやってくるまで

乱獲により、トナカイなどの獲物が少なくなったのだろう。彼らは中国北部にやってきて、アワやヒエ、ムギなどをつくる農耕民になった。その後さらに、すでに長江流域で始まっていた水田稲作の技術や金属器の文化を獲得したあと、約２８００年前以降に、日本列島に渡来してきた。それが、弥生時代の幕開けだったというわけだ。

しかし、狩猟民だった北方アジア人が、そう簡単に農耕民になれるものなのか、という疑問がある。また、日本人を含めた現代北東アジア人には、アルデヒド脱水素酵素の遺伝子が欠如しているか、働きが弱いという変異（酒に弱い）が多いのだが、最近、その起源地は、稲作と同じ長江中流域であることがわかってきた。すると、渡来人は初めから中国中南部に住んでいたという解釈も成り立つ。ただし、そうすると、寒冷適応によって説明されている顔や身体の特徴を説明することができない。

いずれにしても渡来系弥生人は、主に九州北部と本州西部に渡来してきて、村落を形成し、まず自分たちの人口を増やし、徐々に日本列島に拡大しながら、やがて縄文人の子孫たちとも混血していった。

古墳時代には、日本列島の中央部で渡来系の人々と縄文系の人々との混血が進んだ。だが周辺では、まだ縄文系の人々の影響が色濃く残っていた。古墳時代末期から平安時代にかけて、樺太から北海道北東部にやってきたオホーツク文化人が縄文人の子孫と部分的に混血したが、顔かたちにはほとんど影響を与えなかった。

そして現在、日本列島では、渡来系弥生人の遺伝的影響が強い本土日本人、在来の縄文人の遺伝的影響が強いアイヌ、縄文人と渡来系弥生人の遺伝的影響がおよそ半々の琉球人が、日本列島で暮らしている。これら3つの集団は、いずれもおおもとは縄文人だが、大陸から渡来してきた人々の影響をどれだけ受けたかによって、顔や身体の特徴が徐々に違ってきたのである。

5-4 徳川将軍家の顔

江戸時代、徳川幕府の中心だった江戸城本丸にあった大奥についてのイメージは、高貴な美女、華やかな着物、複雑な人間関係、陰謀うずまく恐ろしい世界、といったところだろうか。じつは、そんな大奥の女性たちの遺骨を研究する機会が与えられ、そこから大奥の人々や生活の実態を垣間見ることができたので特別に紹介する。ただし、遺骨の写真を載せるのは遠慮して、略図や復元像を示す。

谷中墓地御裏方霊廟の改葬

徳川将軍家の菩提寺は、芝増上寺と上野寛永寺であり、それぞれに将軍や親族がほぼ半数ずつ、埋葬されている（例外として徳川家康と家光が日光東照宮と輪王寺、慶喜が谷中霊園に埋葬されている）。

２００７年から２００９年にかけて、寛永寺の谷中墓地にある徳川家御裏方霊廟が改葬され、

49体の将軍親族の遺体が出土したことから、遺骨の調査が行われた。その中で、保存状態がよく、顔を含めた全身の姿形がわかる15体について、国立科学博物館の坂上和弘人類史研究グループ長とともにくわしく研究した。ここでは具体的に、そのうち3人の例を紹介する。

まず、徳川第八代将軍吉宗の生母、浄円院である（図5－8）。浄円院は紀州藩第二代藩主徳川光貞の側室だったが、子どもが将軍に大出世したので、大奥に住むことになった。彼女は庶民と同じように、顔の幅が広く、骨がしっかりしていたが、鼻は隆起していて、なかなかの美人であったと思われる。高齢（72歳）で亡くなったにもかかわらず、大部分の歯が残っている。身体の骨もたくましく、きわめて健康であったことがわかる。いかにも、質実剛健な吉宗を育てた母親にふさわしい顔立ちといえよう。

次は、第九代将軍家重の正室、証明院である（図5－9）。証明院は京都の公家・伏見宮邦永親王の四女だが、家重の子どもを早産して、本人も23歳の若さで亡くなった。その顔は幅が狭く、華奢なつくりである。それは、貴族たちの間では軟らかい食物を食べる習慣が昔から続いていたためだろう。鼻は狭く、強く隆起し、いかにも貴族の出身という高貴な雰囲気を漂わせた美人だったと思われる。だが、若いにもかかわらず、下顎の切歯が失われていた。それは、健康状態がすぐれず、歯周病が進んでいた可能性を示している。

3人目は、第十二代将軍家慶の側室で、第十三代将軍家定の生母、本寿院である（図5－

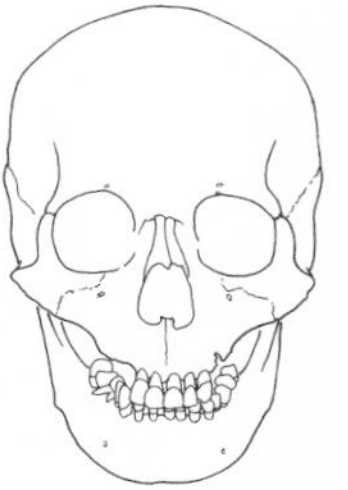
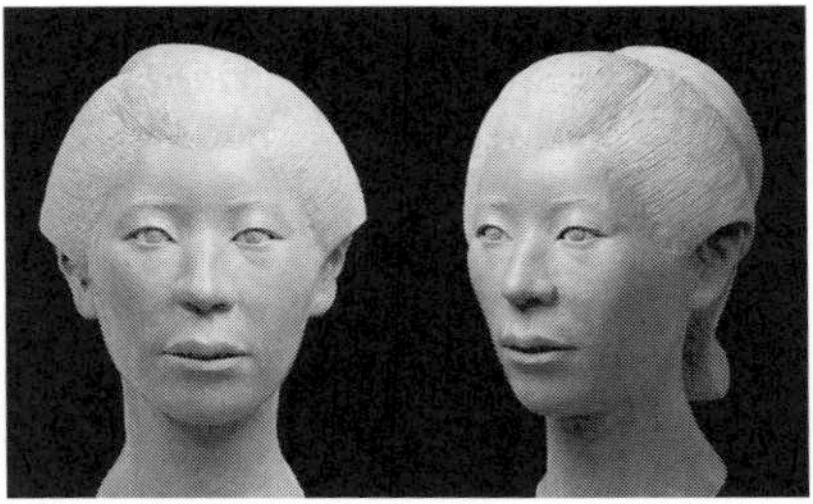

図5-8　浄円院の頭骨略図（左）と復元像

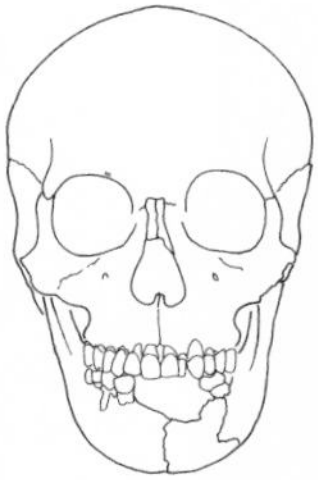
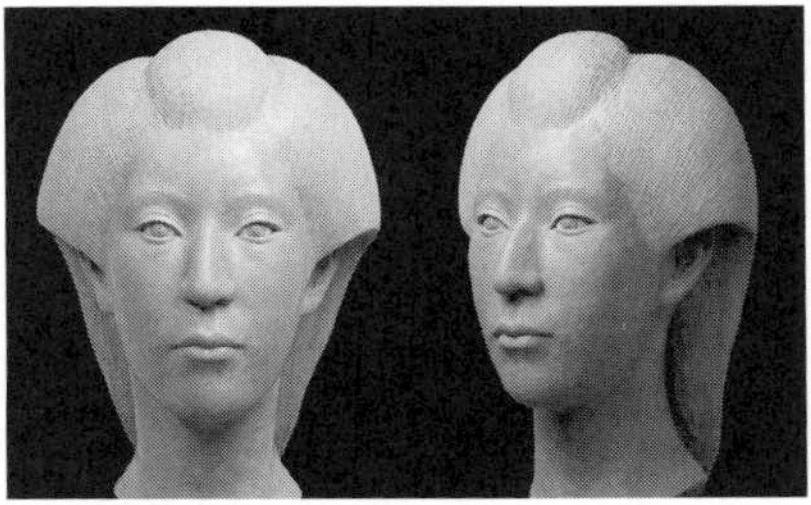

図5-9　証明院の頭骨略図（左）と復元像
図５-８、図５-９の復元像は坂上和弘国立科学博物館人類史研究グループ長の監修により、戸坂明日香京都芸術大学准教授が制作した

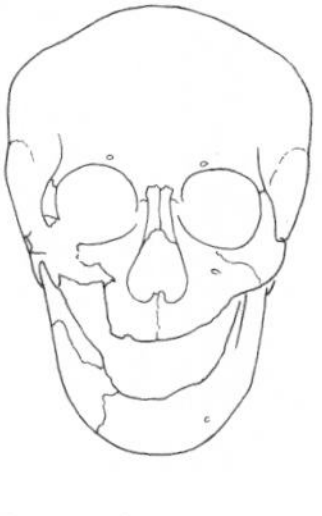

図5-10　本寿院の頭骨略図

10)。NHKの大河ドラマ『篤姫』では高畑淳子さんが演じて存在感を発揮していた本寿院は下級武士の娘だが、大奥で政之助（のちの家定）を出産し、地位を高めた。長生きし、明治18年に79歳で亡くなった。復元像はつくられていないのだが、顔は幅が狭く、華奢なつくりで、鼻筋が通り、まるで貴族出身の正室のような顔だった。ただし、鼻の幅がやや広いので、暖かみのある美人といえるだろう。歯はすべてなくなっていたが、高齢なので、やむを得ないだろう。

将軍はなぜ「貴族顔」になったのか

この3人以外にもたくさんの人々の頭骨をあわせて全体を見ると、江戸時代の大奥の女性の顔には一定の傾向が見てとれた。庶民と正室と側室では、顔に違いがあることだ。まず、庶民に比べて正室は、頭は広いが、顔は狭く、とくに顔の下のほうが狭くなっていることが一目瞭然である。鼻も狭く突出している。そして側室は、正室と庶民の中間になる（図5－11）。こうした違いは、正室は当時の貴族出身、側室は比較的、身分の高い庶民出身という出身母体の違いを表していると解釈できる。

もう一つ、興味深いのは、側室の顔が時代によって違うことである。江戸時代の前期や中期では、庶民と同じような幅広い顔が多いが、後期から末期へ向かうにつれて、正室と同じように細長く華奢な顔が多くなっていく（図5－12）。その典型例が本寿院の顔なのだ。

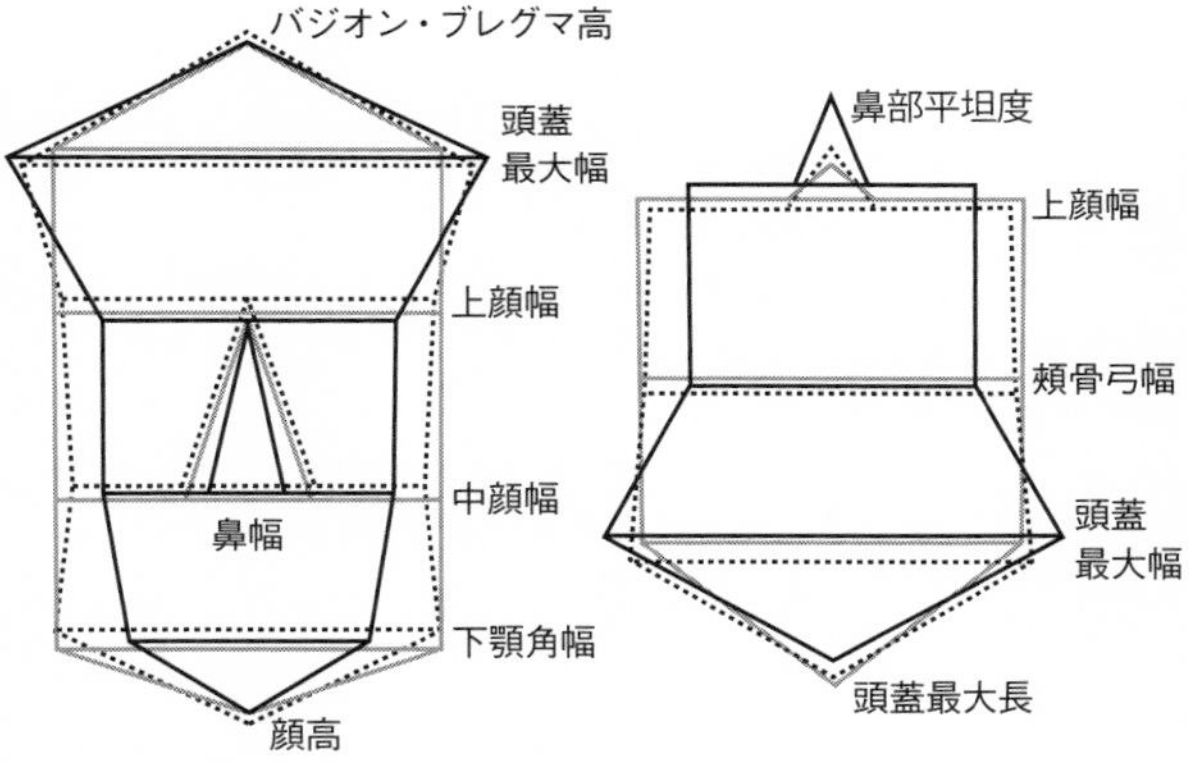

図5-11　庶民、正室、側室の顔の違い（実際の違いを３倍に強調）
左：正面から見た図　右：上から見た図
側室は江戸時代の前期から中期の頭骨にもとづく
薄いグレーの線：庶民　黒線：正室　点線：側室（前期・中期）

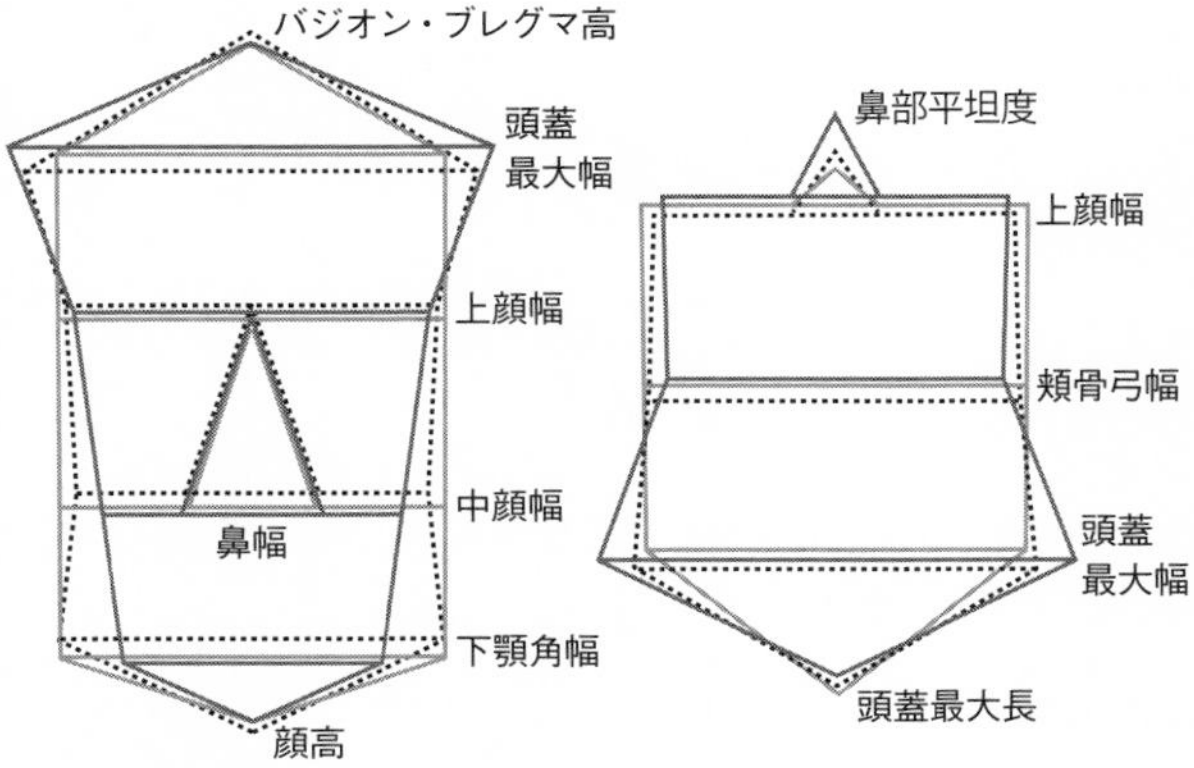

図5-12　側室の顔の変化（実際の違いを３倍に強調）
左：正面から見た図　右：上から見た図
薄いグレーの線：庶民　点線：前期・中期の側室　濃いグレーの線：後期・末期の側室

これは、貴族出身の正室の顔が細長く華奢なので、それが高貴な美人のモデルとして、一般に流布した影響と思われる。江戸の中期以降には大奥は、表向きは情報が閉ざされていたが、実際は密かにファッションなどの流行発信地として機能し、まるで現在の芸能界のようだったらしい。おそらく浮世絵によって、正室とよく似た細長い顔の美女が艶やかな着物をまとっている姿が日本中にばらまかれたのだろう。その結果、庶民たちは高貴な美人たちの顔と生活に憧れを抱いた。

すると、大奥に側室候補として女性を送り込み、あわよくば政治を支配しようと企む人々が現れ、将軍の目にとまるような細面の美女を求めたであろうことは想像にかたくない。

増上寺で発掘された徳川将軍の顔を調べた東京大学の鈴木尚（私の指導教授でもあった）によると、将軍の顔は、江戸時代の後期には細長く華奢になり、末期では典型的な「貴族顔」になった。では、いったい誰の影響でそうなったのだろうか。

じつは、初代家康、三代家光、十五代慶喜を除くと、将軍は正室ではなく側室の子どもである。したがって、正室の「貴族顔」が将軍の顔に遺伝的影響を与えたことはありえないのである。むしろ、江戸後期以降の側室の顔が、正室同様に細長くなったので、その影響を受けたと考えられる。

正室の顔の影響は、生物学的に直接のものではなく、正室の細面の顔が美人であるという紋切り型の価値観、すなわち間接的な手段により、将軍の顔に影響を与えたともいえるだろう。ただしもちろん、将軍が育った大奥での、過度に軟らかい食物を食べるという食生活の影響も大きかったと思われる。

顔の違いによる社会的な差別

さて、大奥の人々がモデルになったと思われる浮世絵の美人の顔が「瓜実顔《うりざねがお》」と言われるほど細長かったのは、正室に対する憧れとして理解できるとしても、なぜ、みんな一重瞼なのだろうか（図5－13）。それには、これまでに述べてきたような日本人の形成過程が関係している。

弥生時代に大陸から渡来してきた人々は、日本列島の中央部を占拠し、古墳時代以降に中央集権国家を築き、平安時代にはさらに、貴族階級を形成することになった。『源氏物語絵巻』を見ると、貴族たちは「引目鉤鼻」の平坦でのっぺりした顔に描かれている。富と権力を手に入れ、進んだ技術力と華やかな文化をわがものにした彼らの顔は、「良い顔」「福々しい顔」と見なされ、さらには「日本的な顔」として認識されていった。

その一方で、大昔から日本に住んでいた縄文人の子孫たちは、中央の権力に従わなかったために、そのはっきりした顔が「人相の悪い顔」「泥棒の顔」とされ、甚だしきは「鬼の顔」にされてしまった。歌舞伎の泥棒の顔は、顔半分が黒く塗られている。つまり、顔がステレオタイプに

図5-13　喜多川歌麿「寛政三美人」

パターン化され、社会的差別を受けたのだ。

だから、浮世絵を見ると、美人や役者の顔は一重の切れ長に描かれている。これは、平安時代以降、江戸時代に至るまで、北方アジア人の血を引くと見なされる渡来系弥生人のような顔がよいとされていたことを示している。ただし、明治以降に、欧米の文化が入ってくると、欧米人に対する憧れから、ヨーロッパ人の顔に似た縄文人のような顔に対する偏見が薄れていった。いわば、縄文顔の２０００年ぶりの復権といえるだろう。ただし、好まれるか好まれないかは微妙で「バタ臭い（バター臭い）顔」ともいわれた。とはいえ、お雛さまの顔はさすがに、浮世絵のようでないと雰囲気が出ない。

昭和の終わりには、「しょうゆ顔」（＝弥生顔）と「ソース顔」（＝縄文顔）などの表現も生まれたが、その後は漫画やアニメの影響で、子どものような、あるいは中性化された顔が好まれるようになった。さらに平成から令和には、ＣＧで合成された仮想現実の顔が、まるで実際に生きているかのような存在感を醸し出している。

5-5 子どもたちの顔を鍛える

あなたに子どもがいたとしたら、歯ごたえのある食物を食べるのが好きだろうか。歯並びはきれいだろうか。乳歯だったら、切歯や犬歯がきれいに並んでいるだけでなく、隙間が空いているだろうか。乳歯よりも大きな永久歯がきれいに並ぶためには、すきっ歯であることが重要なのだ。

そうでなければ将来、さまざまな障害が起きる可能性がある。咀嚼機能がよく発達しないだけでなく、睡眠時無呼吸症になって心筋梗塞や脳梗塞を引き起こすかもしれない。子どもが幼稚園児か小学校低学年なら、いまからでも、硬い食物を食いちぎってよく噛めば、何とかなるだろう。

華奢になってきた日本人の顔

すでに説明したように、日本列島人は約1万５０００年前から日本列島に住んでいた縄文人と、約２８００年前以降に大陸からやってきた渡来系弥生人との混血によって形成された。縄文人は、彫りが深くて四角い顔で歯が小さいのに対し、渡来系弥生人は、平坦で長円の顔で歯が大きいのが特徴だった。

しかし縄文人も渡来系弥生人も、顎の骨はしっかりしていて、歯並びもよく、側頭筋や咬筋が発達していたので、現代人に比べるとはるかに硬い食物を食べていたことがわかる。とくに縄文人は、小さな歯を歯根まで磨り減らして、めいっぱい使い切るような生活をしていた。また、咬合力が強かったので、歯が揺らぎ、近遠心面が磨耗し、歯列の前部が短くなったので、切歯が垂直に立っていた。その結果、上下の切歯がぴったりと合う毛抜き状の噛み合わせになった。

渡来系弥生人は、もともと歯が非常に大きく、しかも水田稲作によってつくられた米を食べていたので、歯の磨り減りは縄文人ほど激しくはなく、上顎の切歯が下顎の切歯に覆い被さるような、はさみ状の噛み合わせが多かった。切歯も前方に少し傾いていた。

歯列の形は、縄文人でも渡来系弥生人でも、半円状か広い放物線状だった。歯並びはほぼすべて完璧だが、普通に見て気がつかない程度に乱れることはあった。

そんなしっかりした顎と歯並びをしていた日本人の顔が、古墳時代以降、少しずつ華奢になっていった。そのことを理解するには、頭骨のレントゲン写真を比べるのが一番である（図5－14）。

縄文人の頭骨は、とくに大きいわけではないが、きわめて頑丈だ。それは、下顎骨の緻密質が厚いことでわかる。横から見たときに、上下の切歯がぴったり合う毛抜き状の噛み合わせをして

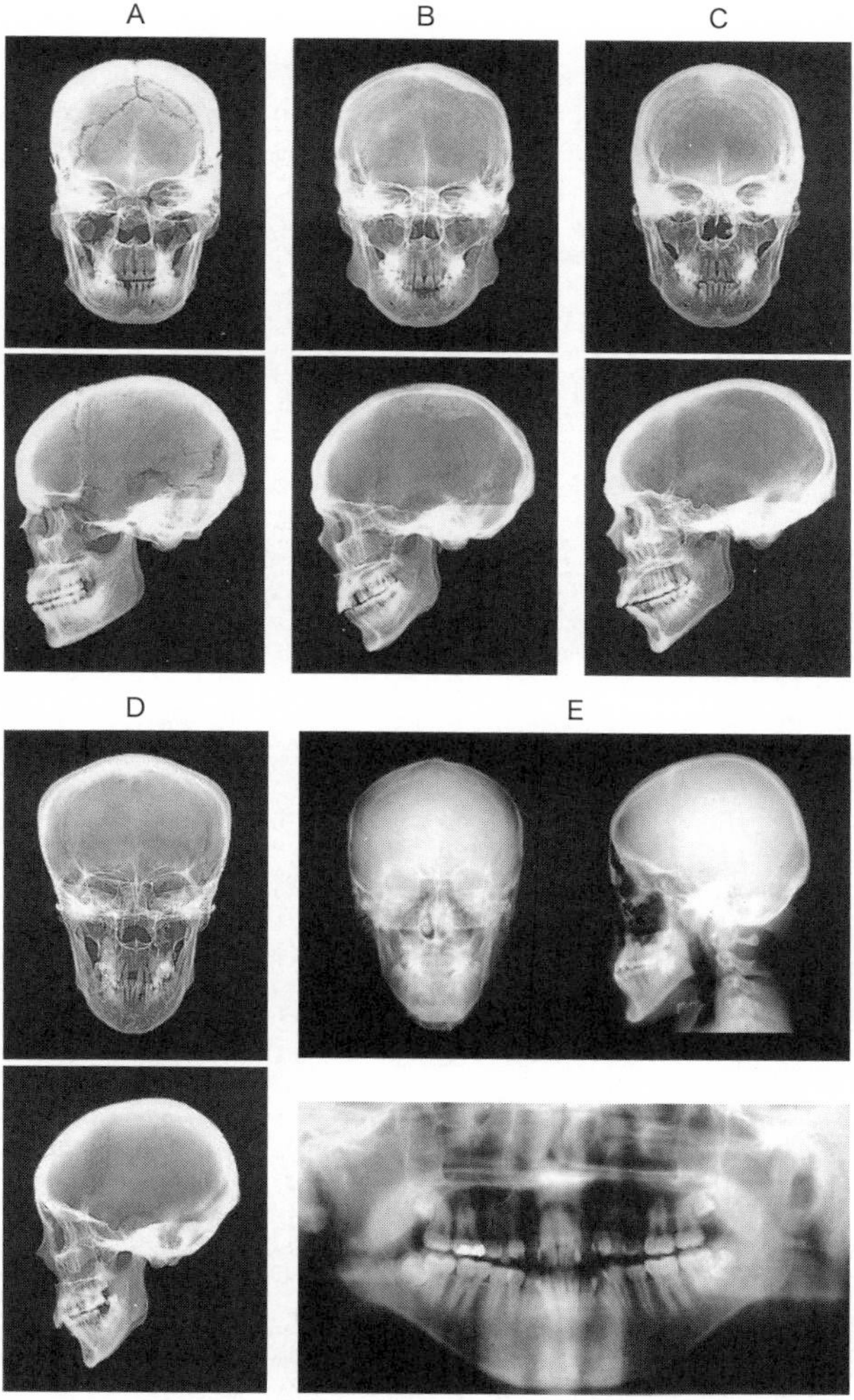

図5-14　日本人の頭骨の時代による変化を示すレントゲン写真
A：縄文人　B：古墳時代人　C：江戸時代人（庶民）
D：江戸時代人（庶民女性）　E：現代人（高校生男子）
Aは顔面の構造が理想的。Dは顔が最も華奢な例で、浮世絵のモデルだったのではないか。Eは顔が狭く奥行が少なく、顔の骨がきわめて華奢で、健全な咀嚼機能が保てていない可能性がある
（A〜D：国立科学博物館所蔵、E：日本歯科大学 寺田員人教授の好意による）

いる。また、切歯を支える歯槽骨も厚い。これなら、切歯でどんなに硬い食物でも食いちぎれる。咬筋の発達がよいので、下顎のエラの部分が発達し、下顎骨の下顎枝後縁と下顎体下縁がつくる下顎角が直角に近くなっている。

古墳時代人の頭骨は、正面から見ると幅が広く、下顎のエラが出っ張って、いかにも頑丈そうだ。しかし横から見ると、縄文人ほど頑丈ではないことがわかる。切歯は、上顎の切歯が下顎の切歯より前に出っ張って、上に被さるようになり、噛み合わせは、はさみ状だ。切歯を支える歯槽骨も厚さが減っている。下顎角の角度も大きくなっている。

さらに、中世から近代になると、切歯で食いちぎることが減少したので、切歯を支える歯槽骨が退縮し、切歯の前方への傾きが強くなり、いわゆる出っ歯（反っ歯）になった。歯列の形は、正常な放物線ではなく、切歯部が前に突出したV字型に近い人が多くなった。その結果、正常な臼磨運動（上下の歯列を臼のように動かして磨り潰すこと）がうまくできなくなり、口腔内容積が減少するなど、現代人において多くみられる障害の遠因を生み出すことになった。ただし、歯並びはまだ大きく崩れてはいない。

このような状態は、縄文人に比べると構造的には弱くなっているが、まだ何とかぎりぎり健全な咀嚼機能を保っているといえる。口腔内容積もそこそこには確保されているので、よほど肥満しないかぎり、睡眠時無呼吸症を起こすこともなかっただろう。

しかし、さきほど大奥の将軍親族遺骨の例をあげたように、江戸時代には公家、いわゆる貴族の人々に代表される上流階級の多くは、顔の構造がきわめて弱くなっていた。頭に比べて顔の幅が狭く、下顎骨の緻密質もずいぶん薄くなっていた。

じつは、江戸時代の庶民の中にも、５０００人に一人くらいは、貴族と同じような顔をした人がいて、そのような女性のレントゲン写真を見ると、切歯を支える歯槽骨が非常に薄く、上顎の切歯が下顎の切歯より前に突出し、大きく覆い被さっている。上顎骨も下顎骨も奥行きが足りないので、第３大臼歯が正常に生えるスペースがなくなっている。おそらく、きわめて軟らかい食物ばかりを食べる特殊な食生活だったのだろう。もし、縄文人の咀嚼機能を全力疾走にたとえるなら、こうした人の咀嚼機能は、歩くだけしかできない状態といえる。口腔内容積が少ないので、舌が咽頭に落ち込み、簡単に睡眠時無呼吸症にもなるだろう。

最近、国立科学博物館の坂上和弘氏（前出）の研究により、江戸時代は庶民でも身分あるいは所得によって、顔が違うことがわかった。当時、２両もした常滑焼の甕棺《かめかん》に埋葬されていた人々と、安い早桶《はやおけ》に埋葬されていた人々の顔を比べると、甕棺の人々の顔のほうが早桶の人々の顔より細長くなっていたのだ。つまり、階級が事実上固定されていた江戸時代には、貴族や大名ではなくとも、食生活が豊かさによってずいぶん違っていたのだ。

現代の若者は歯並びが最悪

それでも江戸時代の人々は、こうした少数の、身分が高い人々を除けば、全体としては何とか健全な咀嚼機能を持っていた。この状態は昭和40年ほどまで続いていたと考えられる。きちんとしたデータはなくても、昭和20～30年代生まれの人々には歯並びが大きく乱れた人はわずかしか見られないことで推測できる。

ところが、最近の子どもや若者では、歯並びの悪い人の方が多いくらいである。

本土日本人の大部分は、渡来系弥生人の影響を強く受けていて、世界中の人々の中でも歯が大きいので、歯槽骨の発達が充分でないとすべての歯が並びきれなくなり、甚だしい場合は乱杭歯になってしまう。おそらく、いまの日本人の子どもや若者は、世界中で最も歯並びが悪い集団だろう。歯並びを矯正するにはおよそ１００万円かかる。だが、子どもの食生活を改善すれば、節約できる可能性がある。

なお、貴族や将軍、あるいは彼らの親族たちの大部分は、顔が狭く華奢になっていたが、歯並びが極端に悪くはなっていない。ということは、現代の子どもや若者たちの相当数は、身分の違いも所得の違いも関係なく、江戸時代の貴族や将軍以上に上等な（異常な？）食生活をしていることになる。その原因がアメリカのジャンクフードなどの食文化の影響であり、それを迎合・追従する情けない現代的精神構造であることは、周知の通りである。さらに、それを煽っているマスコミの責任もきわめて重い。

給食を改善して顔を鍛えよう

外国の多くでは（アメリカでさえ）、サラダにする野菜は硬く、慌てて食べると口の中が切れそうになる。肉も硬い赤身が多く、それを噛みしめて味わっている。ヨーロッパでは、パンの大部分はグルテンが多く、チーズやハムをはさんだサンドイッチを、幼児も老人も食いちぎって食べている。噛み応えがあり、顎の筋肉が疲れるくらいだ。

それに比べ、日本で売られている食べ物はどうだろうか。温室栽培の軟らかい野菜、霜降りの軟らかい肉、耳を落とした食パンのサンドイッチ——まるで病人食である。

このような食物を供給し、それを喜んで食べるという食文化は、贅沢かつ虚弱な貴族趣味であって、決して好ましいものではない。グルメ番組でレポーターが「軟らかくて美味しい！」などと叫んでいるのは、じつに困ったことなのだ。日本人の美徳である優しい気づかいやおもてなし精神が裏目に出て、必要以上に加工しすぎた軟らかい食物を提供しようとしているともいえる。本来、質実剛健を重んじてきた日本人の精神構造にまで影響を与えかねない。

それを防ぐには、幼児期から、歯ごたえのある硬い食物を食べることを「心地よい」と感じるような食生活を習慣づけることが肝心である。しかし、いまの母親自身が軟らかい食物を好む悪習に染まっているので、意識を変えるのは難しい。そこで、教育の一環として、給食でさまざまな大きくて硬い食物を食べさせるとよいだろう。とくに縄文人のように、前歯で食いちぎらせることが重要である。

たとえば、私が教育委員をしている神奈川県座間市では「アジの干物の素揚げ給食」を実施している。静岡県沼津市の例を参考にしたもので、当初は子どもたちが食べてくれるかどうか心配だったが、やってみると子どもたちは、ごくわずかの例外はあるが面白がって、アジを手で持って食いちぎり、骨ごとよく噛んで食べている。

なお、この試みを実施するにあたっては、たとえ残菜が増えてもかまわないという覚悟を教育委員会に持ってもらい、学校の教師および給食担当者だけでなく保護者にも事前に説明し、理解を取りつけるなど、周到な準備を整えたことをつけ加えておく。できるなら、「アジの干物の素揚げ給食」を周辺の市町村にも普及させたい。

学校では、各教科の勉強で頭の脳を鍛えている。また、体育で身体を鍛えている。しかし、頭と身体の中間にある「顔」の筋肉と骨を鍛えることを忘れているのは、大きな問題である。言っておくが、いくら硬いものを食べさせても、顔の美的要素が損なわれることは決してない。むしろ、口元が整って端正な顔立ちになるのだ。

図5-15　日本人の顔の変遷

港川人（約２万年前）から現代人までの顔の変遷を復元図でたどる（なお復元図は直接・間接の証拠にもとづいてはいるが、厳密なものではない）。

港川人の顔は、本文で述べたようにアフリカから拡散した初期ホモ・サピエンスの姿をとどめる、彫りが深くて幅広い顔である。その特徴は、そのあと日本列島に広く分布した**縄文時代人**の、いわゆる「濃い顔」とも似ている。

ところが、その後の**弥生時代人**は、縄文時代人とはまったく違う、平らで、長く、のっぺりした顔の持ち主だった。このように日本人の顔の形が急激に変わったのは、中国大陸から大量の渡来民がやってきて、彼らが弥生時代人の主な構成員（渡来系弥生人）となっていったためと考えられている。

続く**古墳時代人**では、縄文時代人の子孫と渡来系弥生時代人の混血が進んだ結果、縄文時代人よりも弥生時代人と似た顔が多くなっていった。**鎌倉時代人**は、おそらく調理技術の進歩によって顔が少し細くなり、出っ歯の人が増えた。また、不思議なことに、この時代の人は頭（脳頭蓋）が前後に長く幅が狭いのだが、なぜそうなのかはわかっていない。

顔を横から見たときに、鼻根部（鼻の付け根）が平坦という弥生時代人の特徴は、**江戸時代人**に、さらには本土の平均的な**現代人**にも受け継がれた。ただし、江戸時代には超現代的な細面のお殿様や、浮世絵に出てくるような細長く華奢な顔（瓜実顔）の女性がいたことも証拠からわかっている。

こうした日本人の顔の変遷は、縄文時代人と渡来系弥生時代人という二つの系統の混血具合と、食生活の変化によって咀嚼器官が退縮したことが関連していると考えられる。

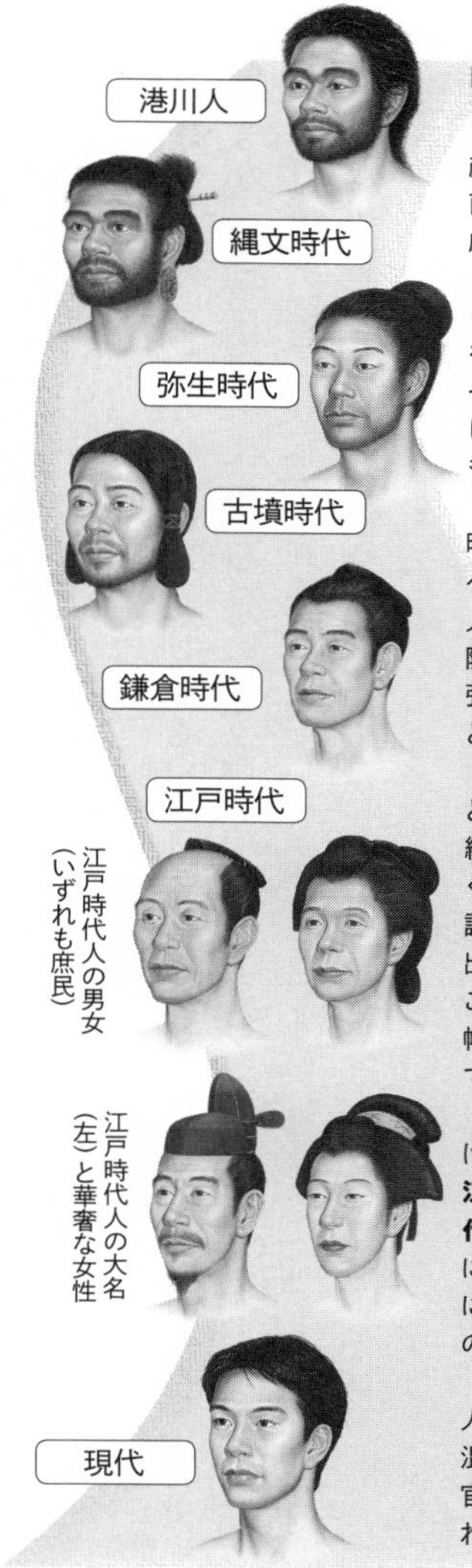

図5-15　日本人の顔の変遷（石井礼子画）

未来の日本人の顔

これまでみてきたように、最近の若者たちの顔の変化は、あまり歓迎できない方向に進んでいるようだ。では、未来の我々の顔は、いったいどのようになるのだろうか。数十年後あるいは百年後の日本人の顔を、具体的な根拠にもとづいて予測してみよう。つまり、過去から現在までに起こった傾向を延長して、未来を予測するのだ。

現代日本人が縄文人と渡来系弥生人との混血によって形成されたことはわかっている。両者の混血の割合は地域によって異なるが、ここでは単純化して、両者が半々の割合で混血したと仮定し、また、その混血は徐々に、ほぼ均等に進んだと仮定して、現代日本人の顔がどのように形成されていったかをCG（コンピュータ・グラフィックス）で表してみた（図5－16）。

まず私が、これまで発掘された人骨の研究結果によって、縄文人・渡来系弥生人・現代日本人の平均的な頭骨の正面略図をつくった。ただし厳密に平均的な頭骨はないので、典型的な頭骨を選び、幅や高さなどは計測数値の平均に合わせて修正した。

次に、東京大学情報工学の原島博教授（当時）にコンピュータ処理をお願いした。標準的な顔の立体的なワイヤーフレーム・モデルをコンピュータでつくり、縄文人・渡来系弥生人・現代日本人の頭骨正面略図に合わせて変形する。さらに縄文人の顔のモデルには、プロレスラーの写真から選んだいかにも縄文人らしい濃い顔の「部品」を張りつけた。渡来系弥生人の顔のモデルには、ある雑誌の編集部員たちの写真から、いかにも弥生人らしい目立たない部品を選んで張りつけた。そして、現代日本人のモデルには、縄文人的なものと渡来系弥生人的なものを平均化した部品を張りつけた。こうして、縄文人・渡来系弥生人・現代日本人のＣＧ顔ができあがった。

さらに、モーフィングというコンピュータ技術によって、縄文人あるいは渡来系弥生人から現代日本人までの顔の変化過程を画像で表現してもらった。この過程では、顔の「かたちの変化」と、「部品の混合」という両方の要素が、並行して進むことがポイントである。

こうして、縄文人と渡来系弥生人から現代日本人までの変化の傾向が明らかとなり、それをそのまま延長すると、未来日本人の顔ができあがる。ただし、「部品の混合」は現代日本人で終了し、「かたちの変化」だけが継続すると仮定した。

こうしてできあがった未来の日本人の顔の誕生が、いつのことになるのかはわからない。50年後、百年後、あるいは数百年後かもしれない。じつは、このＣＧによる未来顔予測は１９９４年に雑誌『Ｎｅｗｔｏｎ』の記事として私が書いたものだが、それから25年ほどたったいま、図５－16を見ると、現代人から未来人へ向けて２コマくらい進んだ顔は、若者では珍しくない。ということは、最終的な「未来顔」が出現する日も遠くはないのだろう。

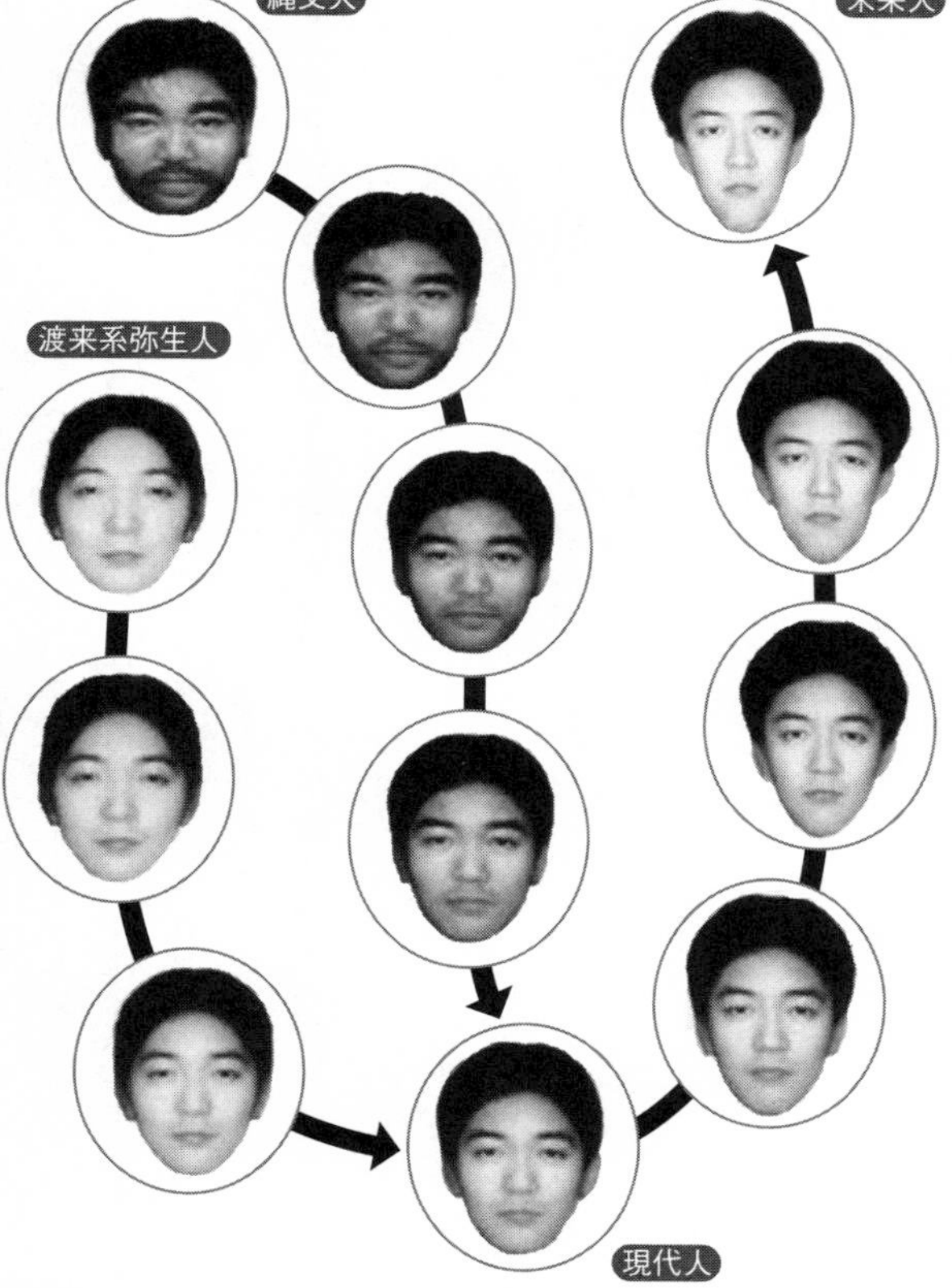

図5-16　未来の日本人の顔（原島博氏の協力を得て作成）
未来人の顔と頭を、私は「コーンの上に丸いアイスクリームをおまけして載せたような」と記事中で形容した。この顔はその後、「コンピュータが予測した未来顔」として多くのメディアで独り歩きしていて、原島氏と私は少し苦笑いしている

おわりに

本書では「顔の進化」を述べたが、人類学研究者としては、「人類史」という鳥瞰的な視点から離れることはできない。つまり、ゴーギャンの「我々はどこから来たのか、何者なのか、どこへ行くのか」のホモ・サピエンス版である。

人類進化の物語は、たいていはサクセスストーリーだ。祖先たちが厳しい環境を、直立二足歩行、道具使用、言語使用などによりいかに生き延び、発展してきたかが語られてきた。しかし、農耕牧畜を始めて文明を築くようになると、快適な生活と虚構の権力への欲望が拡大し、母なる自然の恵みをいただくのではなく収奪するようになった。人類はいまや地球上に満ちあふれ、子孫たちとの共有財産であるはずの地球資源を浪費している。私たちはどこかで間違ったらしい。

人類と環境との関係は、従属→恭順→共存→収奪と変化してきたといえるだろう。

700万年前…人類の誕生…アフリカの森林と疎林、直立二足歩行、犬歯退化→環境に従属

240万年前…ホモ属の誕生…草原に完全進出、道具使用、脳の拡大→環境に恭順

20万年前…サピエンスの誕生…創造的戦略的思考、文化的適応→環境と共存（まだ大丈夫か？）

1万年前…農業革命…文明の発祥→環境から収奪→地域文明の危機（間違ったのか？）

300年前…産業革命…化石燃料の使用→過去の環境からも収奪→世界文明の危機（間違った！）

このままでは我々は、22世紀の子孫から「21世紀の祖先たちはなぜ貴重な資源を未来に残すことなく浪費してしまったのか」と強く非難されることは間違いない。祖父や父が築いた財産を浪費し、子や孫にまったく残さないようなものだ。我々は「道楽息子」にすぎないのか。

我々が我々の子孫である22世紀の人類に遺す可能性がある世界は、二通りしかない。一つは、文明という名の欲望充足装置をのさばらせたままの、崩壊しつつある、あるいは崩壊してしまった世界である。もう一つは、欲望を根本的に抑え込んで、つつましやかだが平和に持続的に暮らせる世界である。もしも後者の世界を実現しようとするなら、それは、ホモ・サピエンスが獲得した高い共感能力にもとづく思いやりの心を、現在の同胞だけでなく、未来の子孫にまで拡大できるかどうかにかかっている。つまりは、現在の快適な生活をどこまで縮小できるかである。

私は1993年に始まった国立科学博物館の展示大改定の際に、研究者のまとめ役をしていた。地球館は2004年に完成し、「地球生命史と人類」がテーマとなった。まさに人類のサクセスストーリーだった。しかし、2007年に完成した日本館のテーマは「日本列島の自然と私たち」であり、そこでは我々日本人がどのように環境と折り合って暮らしてきたかが展示された。

日本列島には、火山と森がもたらすミネラル豊富な土壌があり、雨が多く、四季の変化のある気候のおかげで陸海の植物相・動物相が豊かである。未来永劫にわたり農耕が可能な理想郷ともいえる。我々の祖先は約4万年前以降、アジアの各地からここにやって来て、自然と共存しながら身の丈サイズの暮らしを守ってきた。最近はうっかりグローバリゼーションの時流に乗って、「強者の論理」に迎合してしまったが、このへんで大昔の祖先たちが身につけた「共感能力」をさらに高め、「思いやりの心」の対象を孫や曾孫、22世紀の人類にまで広げてみよう。

最近の日本人は軟らかいご馳走を食べたがるグルメ志向により、咀嚼器官としての顔が退縮し、健康に悪影響を与えていると本書で述べたが、それこそ文明がもたらした弊害の最たるものだろう。香原先生は「人類は歯で滅びる」とも警告していた。だが、もし日本人が先導して、平和な世界を子孫たちに遺すことができたら、22世紀の人類から大いに感謝されるだろう。

本書の執筆に当たって、師であり友でもあった香原志勢先生には、限りない感謝をささげます。顔学という総合的学問分野を築いた日本顔学会の関係者、研究と普及の両面でお世話になった国立科学博物館および人類研究部の先輩後輩諸氏、イラストや写真を提供くださった原島博・寺田員人・中島功・坂上和弘・戸坂明日香先生、そしてあわただしいスケジュールの中で、原稿をまとめてくれた編集部の山岸浩史氏に感謝します。最後に、ともに暮らして50年の妻・美佐子に、出版書の謝辞としては初めてだが、「ありがとう」と伝えたい。

2020年12月

馬場悠男

参考文献

『顔の百科事典』日本顔学会編（丸善出版　2015）
『大「顔」展　図録』村澤博人・馬場悠男・橋本周二・大坊郁夫編著（読売新聞社　1999）
『ビジュアル　顔の大研究』原島博・馬場悠男・輿水大和監修（丸善出版　2020）
『「顔」って何だろう　NHK知るを楽しむこの人この世界』馬場悠男（日本放送出版協会　2009）
『顔を科学する』馬場悠男・金澤英作編著（ニュートンプレス　1990）
『人の顔を変えたのは何か』原島博・馬場悠男（河出書房新社　1996）
『人及び動物の表情について』C.ダーウィン著　浜中浜太郎訳（岩波文庫　1931）
『人体に秘められた動物』香原志勢（NHKブックス　1981）
『顔の本』香原志勢（講談社　1985）
『顔と表情の人間学』香原志勢（平凡社　1994）
『人体解剖学』藤田恒太郎（南江堂　1975）
『生体観察』藤田恒太郎・寺田春水（南山堂　1989）
『新しい人体の教科書』（上下）山科正平（講談社ブルーバックス　2017）
『ひげの科学』小野三嗣（玉川大学出版　1980）
『歯の比較解剖学　第2版』後藤仁敏・大泰司紀之・田畑純・花村肇・佐藤巌編（医師薬出版　2014）
『家畜比較解剖図説』（上下）加藤嘉太郎・山内昭二（養賢堂　1995）
『犬の解剖学』M.ミラー著　和栗秀一・醍醐正之訳（学窓社　1985）

『ネコの動物学』大石孝雄（東京大学出版　２０１３）
『わたしは哺乳類です』L.ドリュー著　梅田智世訳（インターシフト　２０１９）
『ゾウの鼻はなぜ長い』加藤由子（講談社ブルーバックス　１９９６）
『生命形態の自然史　第1巻　解剖学論集』三木成夫（うぶすな出版　１９８９）
『脊椎動物のからだ　その比較解剖学』A.S.ローマー著　平光厲司訳（法政大学出版局　１９８３）
『脊椎動物比較解剖学』A.ポルトマン著　島崎三郎訳（岩波書店　１９７９）
Die angeborenen Formen moglicher Erfahrung. K. Lorenz. Zeitschrifts fur Tierpsychologie. 5：235－409. 1942
Analysis of Vertebrate Structure. M.Hildebrand. John Wiley and Sons. 1972
Mammalian Masticatory Apparatus. W.D.Turnbull. Field Museum of Natural History, 1970
Evolution Emerging vol. II. W. K.Gregory. The MacMillan Co. NY. 1951
Vergleichende Anatomie der Wirbeltiere auf evolutionsbiologischer Grundlage Bad 2 Das Skeletsystm. D. Starck. Springer-Verlag. Berlin, Heidelberg, New York. 1979
Traité de Zoologie. Anatomie, Systematique, Biologie. Tome XVI-1, Mammiferes. Teguments, Squelette. M. Gabe et al. Masson. 1967
Traité de Zoologie. Anatomie, Systematique, Biologie. Tome XVII-1, Mammiferes. Les Ordres: Anatomie, Ethologie, Systematique. E. Bourdelle et al. Masson et Cie. 1955
Struggle for Survival in the Bush. F.R. de la Fuente. Orbis Publishing, London. 1970
The Anatomy of the Domestic Animals Vol. 1 The Locomotor System of the Domestic Animals. R. Nickel et al. Verlag Paul Parey. Berlin/Hamburg. 1986
『無脊椎動物の多様性と系統』岩槻邦男・馬渡峻輔監修（裳華房　２０００）

『脊椎動物の歴史』A.S.ローマー著　川島誠一郎訳（どうぶつ社　１９８１）
The Evolution of Vertebrate Design. L. B. Radinskey. The University of Chicago Press. 1987
Vertebrate Paleontology, 3rd ed. A.S. Romer. University of Chicago Press. 1966
『両生類の進化』松井正文（東京大学出版会　１９９６）
『爬虫類の進化』疋田努（東京大学出版会　２００２）
『哺乳類の進化』遠藤秀紀（東京大学出版会　２００２）
『図解・内臓の進化』岩堀修明（講談社ブルーバックス　２０１１）
『図解・感覚器の進化』岩堀修明（講談社ブルーバックス　２０１４）
『種の起源』（上下）C.ダーウィン著　八杉龍一訳（岩波文庫　１９９０）
『「退化」の進化学』犬塚則久（講談社ブルーバックス　２００６）
『恐竜異説』R.T.バッカー著　瀬戸口烈司訳（平凡社　１９８９）
Dinosaur Paleobiology. S.L.Brusatte. Willey-Brackwell. 2012
『サルの百科』杉山幸丸（データハウス　１９９６）
『日本のサル学のあした』中川尚史・友永雅己・山極壽一編（京都通信社　２０１２）
『新しい霊長類学』京都大学霊長類研究所編（講談社ブルーバックス　２００９）
『家族進化論』山極壽一（東京大学出版会　２０１２）
『人類生物学入門』香原志勢（中公新書　１９７５）
『人類の祖先はヨーロッパで進化した』D.ビガン著　馬場悠男監訳　野中香方子訳（河出書房新社　２０１７）
『人間の由来』（上下）C.ダーウィン著　長谷川真理子訳（講談社学術文庫　２０１６）
An Introduction to Human Evolutionary Anatomy. L.Aiello and C.Dean. Academic Press. 1990.

The Evolution of the Human Head. D.Lieberman. The Belknap press of Harverd University Press. 2011.
The Basicranium of Plio-Pleistocene Hominids as an Indicator of Their Upper Respiratoory Systems. J.T.Laitman and R.C.Heimbuch. American Journal of Physical Anthropology 59: 323-343. 1982.
霊長類の音声器官の比較発達―ことばの系統発生: 西村剛 The Japanese Journal of Animal Physiology, 60: 49-58, 2010.
『人類の進化　拡散と絶滅の歴史を探る』B.ウッド著　馬場悠男訳（丸善　２０１４）
『人類進化大全』C.ストリンガー、P.アンドリュース著　馬場悠男・道方しのぶ訳（悠書館　２０１２）
『人類の進化大図鑑』A.ロバーツ著　馬場悠男監訳（河出書房新社　２０１８）
『人間の測りまちがい』S.J.グールド著　鈴木善次・森脇靖子訳（河出書房新社１９８９）
『ボディ・ウォッチング』D.モリス著　藤田統訳（小学館　１９８６）
『ウーマンウォッチング』D.モリス著　常盤新平訳（小学館　２００７）
Cross Cultural consensus for waist-hip ratio and women's attractiveness. D. Singh et. Evolution and Human Behavior. 31: 176-181. 2010.
『日本人の体質』足立文太郎（岡書房　１９２８）
People and Races. A.M.Brues. Waveland Press, Inc. Illinoi. 1990.
『人類はどこから来てどこへ行くのか』E.ウィルソン著　齋藤隆央訳（化学同人　２０１３）
『私たちはどこから来たのか　人類７００万年史』馬場悠男（ＮＨＫ出版　２０１５）
『人類誕生』馬場悠男監著（学研プラス　２０１８）
『なぜヒトの脳だけが大きくなったのか』浜田穣（講談社ブルーバックス　２００７）
『ヒトの進化』石川統・斎藤成也・佐藤矩行・長谷川真理子編（岩波書店　２００６）

『チンパンジーはなぜヒトにならなかったのか』J．コーエン著　大野晶子訳（講談社　2012）
『人体600万年史』（上下）D．E．リーバーマン著　塩原通緒訳（早川書房　2015）
『人類進化の謎を解き明かす』R．ダンバー著　鍛原多恵子訳（インターシフト　2016）
『人類20万年遥かなる旅路』A．ロバーツ著　野中香方子訳（文藝春秋　2013）
『出アフリカ記　人類の起源』C．ストリンガー、R．マッキー著　河合信和訳（岩波書店　2001）
『交雑する人類』D．ライク著　日向やよい訳（NHK出版　2018）
『ネアンデルタール人は私たちと交配した』S．ペーボ著　野中香方子訳（文藝春秋　2015）
『ホモ・フロレシエンシス』（上下）M．モーウッド、P．オオステルチイ著　馬場悠男監訳解説　仲村明子訳（NHKブックス　2008）
『人類がたどってきた道』海部陽介（NHKブックス　2005）
『新版日本人になった祖先たち』篠田謙一（NHKブックス　2019）
『日本人の源流』齋藤成也（河出書房新社　2017）
『日本人はどこから来たのか？』海部陽介（文藝春秋　2016）
『東叡山寛永寺徳川家御裏方霊廟　第三分冊寛永寺徳川将軍親族遺体の形態学的研究』馬場悠男・坂上和弘著　寛永寺谷中徳川家近世墓所調査団編（吉川弘文館　2012）

さくいん

【な行】

【は行】

さくいん

N.D.C.491　270p　18cm

ブルーバックス　B-2159

「顔《かお》」の進《しん》化《か》
あなたの顔はどこからきたのか

2021年１月20日　第１刷発行
2021年８月６日　第３刷発行

著者　馬場悠男《ばばひさお》
発行者　鈴木章一
発行所　株式会社講談社
〒112-8001　東京都文京区音羽2-12-21
電話　出版　03-5395-3524
販売　03-5395-4415
業務　03-5395-3615
印刷所　（本文印刷）株式会社新藤慶昌堂
（カバー表紙印刷）信毎書籍印刷株式会社
製本所　株式会社国宝社

ISBN978－4－06－522231－7

発刊のことば

科学をあなたのポケットに

二十世紀最大の特色は、それが科学時代であるということです。科学は日に日に進歩を続け、止まるところを知りません。ひと昔前の夢物語もどんどん現実化しており、今やわれわれの生活のすべてが、科学によってゆり動かされているといっても過言ではないでしょう。

そのような背景を考えれば、学者や学生はもちろん、産業人も、セールスマンも、ジャーナリストも、家庭の主婦も、みんなが科学を知らなければ、時代の流れに逆らうことになるでしょう。

ブルーバックス発刊の意義と必然性はそこにあります。このシリーズは、読む人に科学的に物を考える習慣と、科学的に物を見る目を養っていただくことを最大の目標にしています。そのためには、単に原理や法則の解説に終始するのではなくて、政治や経済など、社会科学や人文科学にも関連させて、広い視野から問題を追究していきます。科学はむずかしいという先入観を改める表現と構成、それも類書にないブルーバックスの特色であると信じます。

一九六三年九月　　　野間省一